脱碱赤泥制备硅酸盐水泥

王 晓 著

中国建材工业出版社

图书在版编目（CIP）数据

脱碱赤泥制备硅酸盐水泥/王晓著. --北京：中
国建材工业出版社，2023.8
ISBN 978-7-5160-3793-5

Ⅰ.①脱… Ⅱ.①王… Ⅲ.①水泥—原料—赤泥—研
究 ②赤泥—制备—硅酸盐水泥—研究 Ⅳ.①TQ172.4
②TQ172.71

中国国家版本馆 CIP 数据核字（2023）第 146381 号

内 容 简 介

本书针对赤泥中碱、氧化铁含量过高，放射性超标，难以大规模应用等技术难点，重点
研究了赤泥中碱的赋存状态与高效脱除提取技术及机理，脱碱赤泥制备普通硅酸盐水泥和道
路硅酸盐水泥熟料的机理及工艺，赤泥中的放射性元素^{226}Ra、^{232}Th 和^{40}K 在赤泥道路硅酸盐水
泥煅烧和水化过程中的迁徙和富集机理，以及放射性屏蔽衰减机理与调控方法，为赤泥的高
效资源化利用奠定理论基础。

本书可供材料科学与工程、环境工程、矿物加工、化学工程等领域的研究人员参考使用。

脱碱赤泥制备硅酸盐水泥
TUOJIAN CHINI ZHIBEI GUISUANYAN SHUINI
王 晓 著

出版发行：中国建材工业出版社
地　　址：北京市海淀区三里河路 11 号
邮　　编：100831
经　　销：全国各地新华书店
印　　刷：北京印刷集团有限责任公司
开　　本：710mm×1000mm　1/16
印　　张：7
字　　数：130 千字
版　　次：2023 年 8 月第 1 版
印　　次：2023 年 8 月第 1 次
定　　价：**39.80 元**

作 者 简 介

　　王晓，工学博士，华北水利水电大学硕士研究生导师、新型功能材料和固体废弃物再生利用研究所副所长，绿色高性能材料应用技术交通运输行业研发中心技术委员会委员；主要从事固体废弃物的建材化应用、高性能混凝土和低碳胶凝材料方面的研究；主持完成河南省交通运输厅科技计划项目"玄武岩纤维橡胶混凝土桥面铺装技术研究"及企业横向课题两项，作为主要研究人员参与国家自然科学基金项目"赤泥脱碱及其高效资源化利用基础研究"；相关研究成果荣获"2023年度河南省科技成果奖"一等奖、"河南省土木建筑科学技术奖"一等奖。

前　　言

赤泥是氧化铝生产过程中排出的强碱性固体废弃物，我国每生产 1t 氧化铝平均产生 1~1.5t 赤泥。赤泥由于具有碱含量高的特点，并且含有少量重金属和天然放射性元素，被定义为危险性工业废渣。

我国是氧化铝生产大国，2021 年氧化铝产量为 7747.5 万 t，根据此数据，如果以生产每 1t 氧化铝排放 1.5t 赤泥计算，仅 2021 年赤泥的排放量就高达 1.16 亿 t。由于国内缺乏赤泥应用的可行性技术，赤泥利用率仅为 7%，大部分赤泥不能被有效利用，只能以堆场堆放的形式储存。这种储存方式不仅占用大量土地，还会污染地下水和土壤，给生态环境造成极大负担，同时也存在极大的安全隐患。因此，赤泥的综合高效无危害利用已成为亟待解决的问题。提高赤泥的利用程度而又不产生二次污染将直接关系到氧化铝工业未来的健康发展及生态环境的保护。

本书针对赤泥中碱、氧化铁含量过高，放射性超标，难以大规模应用等技术难点和关键科学问题，重点研究了赤泥的理化特性、赤泥碱赋存状态及其脱碱工艺、赤泥普通硅酸盐水泥制备及其性能、赤泥道路硅酸盐水泥制备及其性能、赤泥道路硅酸盐水泥放射性变化规律及屏蔽技术等内容，为赤泥的高效资源化利用奠定理论基础。

感谢国家自然科学基金项目"赤泥脱碱及其高效综合利用基础研究"（项目批准号：51172155）、华北水利水电大学高层次人才启动项目（项目编号：40489）和华北水利水电大学横向项目（项目编号：51797）对本书内容研究和出版的资助。

由于材料测试和研究方法受到多方面因素的影响和制约，本书的研究存在一定的局限性，敬请各位同行专家予以批评指正。

王　晓

2023 年 6 月

目　录

1 绪 论

1.1 选题背景和意义

赤泥是氧化铝冶炼工业生产过程中排出的强碱性固体废弃物，因为颜色与赤色泥土相似，所以被称为赤泥。赤泥是一种不溶性的残渣，主要由细颗粒的土和粗颗粒的砂组成，其化学成分主要有 SiO_2、CaO、Fe_2O_3、Al_2O_3、Na_2O、TiO_2 和 K_2O 等。但由于铝土矿成分和氧化铝生产工艺（拜耳法和烧结法）的不同，赤泥的化学组成、矿物组成和性质变化很大。赤泥中通常含有 $\beta\text{-}C_2S$、$\gamma\text{-}C_2S$ 和一些无定形铝硅酸盐物质，还含有方解石、钙钛矿和 $Fe_2O_3 \cdot H_2O$ 等矿物，具有一定的水硬活性，久置易结块，但经干燥后极易磨细。赤泥对环境的危害因素主要集中于其含有大量的强碱性化学物质，pH 在 $9.2 \sim 12.8$ 之间，较高的 pH 决定了赤泥对生物、硅质材料和金属的强腐蚀性。此外，赤泥中还含有丰富的稀土元素、少量重金属和微量放射性元素。

我国已经成为世界上最大的氧化铝生产国，相关资料显示，仅贵州、河南、广西、山东和山西的五大铝厂每年排放的赤泥总量加起来就高达 600 万 t，它们赤泥的总堆存量也已突破 5000 万 t。按照炼铝方法的差别，可以将炼铝厂排出的赤泥简单划分为拜耳法赤泥和烧结法赤泥。在过去的几十年中，用拜耳法工艺溶出的氧化铝总量能占到世界氧化铝生产总量的 90% 以上，但是限于铝土矿的品位，中国使用纯拜耳法生产的氧化铝只占到氧化铝生产总量的 10% 左右。因此，从全世界范围来看，拜耳法赤泥的综合利用显得更重要，而在中国，烧结法赤泥的大规模有效利用显得更为重要。

国内外对赤泥的开发应用和综合处置都很重视，各行各业的研究者们都进行了大量的实验研究。绝大多数研究取得良好的结果并具有较好的应用前景，但由于技术、成本、制品性能和经济等方面的原因，付诸实施的项目还不多。冶金行业中可以回收金属元素，如利用高氧化铁含量（30% 左右）的赤泥，使赤泥中的 Fe_2O_3 转变为 Fe_3O_4，回收磁性产品，还可回收碱、稀土元素等。建材行业中可利用赤泥制作免烧砖、烧结砖、陶瓷原料、轻质墙体材料及筑路填料、无熟料水泥、混凝土掺和料（因碱含量过高，胶凝材料中赤泥的掺量低于 15%）等。化工行业中，将赤泥用作橡胶、塑料的填料，或者制作催化剂吸附材料，用于废水、废气处理等。赤泥在农业、环境领域主要用于酸性土壤改良及农作物肥料。

尽管有诸多赤泥的资源化利用技术，但是世界上赤泥的利用率一直徘徊在15％左右。这是因为针对赤泥综合有效利用必须同时兼顾以下三个方面：①能够大幅度利用赤泥，即提高综合利用率及利用量；②赤泥组分的高效利用，制品性能不降低；③规避或弱化放射性二次污染。上述各研究领域提出的不同的赤泥处置技术路线和工艺方法都在某一方面具有一定可行性，但在同时满足上述三方面要求上都存在某些关键技术需要突破的问题。比如赤泥高附加值组分主要包括有价金属元素（钛、钪等）、氧化铁、碱组分等。对于有价金属元素提取而言，因其含量较低、提取成本较高，在实际生产中不具备可行性；氧化铁提取仅适用于高铁赤泥（氧化铁含量大于30％，如广西平果铝业），而通常的赤泥氧化铁含量在15％左右，分离提取氧化铁不具备经济可行性；对于碱组分，为实现赤泥的工业化大规模应用，必须有效分离出来，赤泥的脱碱工艺成熟度较高，但是碱的回收以及脱碱赤泥的大规模高效利用尚需取得突破。

目前，大量消纳工业废渣的领域依然为建材工业，如墙体材料制备、水泥生产、混凝土掺和料等。但赤泥本身所具有的特点使其在建筑材料领域的应用受到限制。主要存在四个问题：①碱含量偏高，难以生产低碱水泥或作为混凝土掺和料；②赤泥成分易产生波动，含碱、铁量较高，无法大掺量用于水泥生产，小掺量利用则无法激发水泥生产企业的积极性；③赤泥中通常含有60％左右的水分，生产水泥时采用干法尤其是窑外分解技术将遇到很多困难；④多数赤泥放射性超标，不适宜生产通用水泥、墙体材料或作为混凝土掺和料。

针对赤泥碱含量超标、放射性潜在危害，本书提出赤泥高效脱碱并用于生产道路硅酸盐水泥的方案，可实现大量乃至完全消纳赤泥的目标。其中，赤泥脱碱既消除了赤泥用于煅烧水泥的技术障碍又可回收工业粗碱，而且赤泥中所含高铁组分使赤泥能够在较大用量下（20％～30％）制备道路硅酸盐水泥（道路硅酸盐水泥熟料中铁铝酸四钙含量≥16％）；同时赤泥中放射性元素经过高温煅烧和水化固化屏蔽及制备道路硅酸盐水泥混凝土时掺加屏蔽性物质完全可使其放射性指标控制在国家标准规定范围之内，并且其应用区域（野外道路）也在一定程度上规避了放射性的潜在影响。因此，本书研究成果的实施可以大量消纳堆积和新排放的赤泥，实现赤泥的全部综合高效和无害化利用，其产品（工业粗碱和道路硅酸盐水泥）具有广阔的市场前景。

1.2 赤泥的分类和处置概况

1.2.1 赤泥的分类

由于铝土矿品位和氧化铝生产条件限制，氧化铝生产工艺主要分为拜耳法和烧结法，所产生的赤泥分别为拜耳法赤泥和烧结法赤泥。目前国外大多采用拜耳法生产氧化铝，国内则采用烧结法比较多。但是，近年来国内的氧化铝生产工艺也逐渐向拜耳法转变。

（1）拜耳法赤泥

拜耳法是奥地利工程师 Karl Josef Bayer 提出的。拜耳法冶炼氧化铝首先用强碱（NaOH）溶解出铝土矿石中的铝酸钠，溶解后分离出来的浆状废渣就是拜耳法赤泥。随后，在常温下往铝酸钠溶液中添加氢氧化铝作为晶种，使 Al_2O_3 以 $Al(OH)_3$ 的形式不断从溶液中析出。最后析出大部分 $Al(OH)_3$ 的溶液又可以作为母液在加热的情况下溶出铝土矿中的氧化铝水合物。上述过程重复反应，就组成了拜耳循环。拜耳法冶炼氧化铝的过程实际上就是反应式（1-1）在不同条件下的交替进行。

$$Al_2O_3 \cdot 3H_2O + 2NaOH + aq \Longleftrightarrow 2NaAl(OH)_4 + aq \qquad (1-1)$$

（2）烧结法赤泥

烧结法的基本原理是，首先将铝矾土原料配合一定量的碳酸钠在窑炉中高温煅烧，使其转变为铝酸钠、铁酸钠、原硅酸钠和钛酸钙等，再经过溶解、结晶、焙烧等过程制得氧化铝，溶解后分离的废渣即为烧结法赤泥。

1.2.2 赤泥的产生和传统处置方式

1887 年，Karl Josef Bayer 在圣彼得堡一家化工厂工作时发现如果用氢氧化铝晶体作为晶核，$Al(OH)_3$ 可以从 $NaAl(OH)_4$（铝酸钠）溶液中固溶结晶出来。不久之后，他发现所需的 $NaAl(OH)_4$ 溶液可以通过在一定的压力下将铝矾土加入到热的 NaOH 浓溶液中得到。这两个重要发现形成了合成和萃取三水铝矿的工业基础，因此被命名为拜耳过程。人们很快意识到，可以以铝矾土为原料采用拜耳法制备氧化铝。1892 年，拜耳公司先后在英国、法国、德国和意大利成立。1893 到 1910 年间，拜耳公司的两个分公司在法国成立。此后的 30 年间，更多的拜耳分公司在美国、德国、英国、日本等地建立起来。

由于这些公司的成立，全球铝工业发展迅猛，铝金属年生产量从 1900 年的 6800t 到 1940 年已经达到 100 万 t。由于受生产设备的限制，当时的生产规模比较小，全球的赤泥储量大约是 2200 万 t。那个时候，无论是工厂、公众，还是政府都没有把赤泥看作社会问题或者是环境问题，仅有部分文献提到处理赤泥占有的生产成本。到 20 世纪 80 年代，澳大利亚和巴西建立年产 100 万 t 的生产线。1990 年年初，西班牙和爱尔兰生产线的产率已经超过了年产 100 万 t。到 2007 年赤泥的年生产量达到 1.2 亿 t，全球赤泥储量达到 26 亿 t。全球第一个 10 亿 t 赤泥的累积经历了大约 90 年的时间，但是第二个 10 亿 t 却只花了大约 15 年的时间。

我国是氧化铝生产大国，每生产1t氧化铝产生赤泥1~1.5t，2009年生产氧化铝2378万t，约占世界总产量的30%，产生的赤泥近3000万t。至2010年年底，我国赤泥总储量达2亿t。并且，随着铝工业的不断发展和铝土矿品位的不断下降，2021年我国氧化铝产量为7747.5万t，根据此数据，如果以每1t氧化铝排放1.5t赤泥计算，仅2021年赤泥的排放量就高达1.16亿t左右。

1970年以前，在全球范围内赤泥问题还没有引起人们的重视。氧化铝工厂通常采用两种方式处理赤泥：一是向海洋放流，即通过一个管道将氧化铝厂产生的赤泥直接排放到海洋中；二是填坑处置，即将赤泥直接倒入一些废弃不用的水坝或者是施工形成的坑中。20世纪70年代以后，随着铝工业的发展，全球赤泥生产率和储量迅猛增加。人们逐渐认识到赤泥已经成为制约未来铝工业发展的重要环境因素。另外，越来越多的赤泥占用大量的土地也迫使人们寻求新的储存赤泥的方法，干法处理赤泥开始成为研究的主导。到1985年，全球43%的冶炼厂采用干法处理。目前，全球赤泥处理方式主要有以下几种。

（1）海洋处理

海洋处理是将新排赤泥浆直接倒入海洋。海洋处理方式比较简单，易于操作，但是赤泥大量排放会对海洋环境造成影响。

（2）地面湖处理

地面湖处理是将新排赤泥浆直接排放到天然蓄水池或者是人工挖掘的赤泥排放池中。地面湖处理方式首先需要在赤泥储存池里涂上密封剂，以防止赤泥中的有害成分向地表和地下水中渗透。通常采用一层压实的黏土隔开赤泥和储存地的原土和岩石，并在黏土层不完整时采用增加辅助黏土层以及在夹层下面铺设多层没有渗透性的特种塑料或者薄膜材料以保证其密封性。同时，通过调整液面的倾斜度减少静压力，在储存池中的一些沉淀物和对赤泥预先进行中和处理也进一步增强了地面湖处理赤泥方法的防渗漏功能。但是地面湖处理方式的固体容量有限，赤泥量的增加会对这种低固体容量的地面湖造成压力，导致决堤。比如2010年10月匈牙利Ajka氧化铝厂赤泥堆场的决堤。同时，储存地区若遭遇大的降雨也使地面湖决堤的危险增大。

（3）干法处理

干法处理是一个有别于海洋处理和地面湖处理的新概念。干法处理首先将新排出的赤泥浆处理成含水量少的具有触变性的糊状物，通过泵送或者是管道运输的方式运到堆场，并使赤泥从管道中卸出时呈一定的倾斜度，呈薄层状覆盖在堆场表面。这样在下一层赤泥排出之前，上一层赤泥就会得到一定程度的脱水和风干，最终形成具有一定抗折强度的固体。干法处理可以使赤泥在筑坝堆存的过程中堆积到相当的高度。在干法处理中赤泥高碱的危害也可以通过中和的方式减少。干法处理的优势在于赤泥黏结成固体含量为62%~67%的物质，使它能够满足堤坝机械贯穿性能的最低要求；流动的液体非常少；赤泥压实使其具有很高的不渗透性，不需要再把赤泥储存区划分开以防止残渣渗透进入土壤和地下水中；低能耗、降低管道要求等。目前，国内的氧化铝厂大部分采用的是干法处理的方式处理赤泥。图1-1为中国铝业河南分公司的干法赤泥堆场。

图 1-1 中国铝业河南分公司的干法赤泥堆场

（4）干饼处理

干饼处理方法与干法处理的不同之处在于，在处理之前首先通过机械方法尽可能移除赤泥中的水分，使赤泥中的固体含量达到65%以上。由于处理后的赤泥含水量少，不能采用管道或者是泵送的形式传输，需要采用传送带或者是车辆将赤泥运送到堆场中去。德国铝厂进行了这方面的试验，试验表明在过滤器中充入可用气体，可以从赤泥中移除液体和盐分，处理后的固体含量可以超过75%。处理后的赤泥干饼具有易碎性、像砂一样、无黏性以及碳酸含量较低等特点。产出具有这些特点的赤泥，极大地简化了赤泥的处理和储存要求，降低了潜在的环境影响，扩大了赤泥材料的选择性复原和再利用。但是目前只适用于车间的小规模应用，把它发展成具有经济优势并应用在未来的氧化铝工业中仍有很大的挑战。

1.2.3 赤泥的改性处理

在赤泥的众多处理方式中，赤泥多是以高碱度分散颗粒的泥浆形式排出。这就造成了对赤泥的处理、储存、改性及利用都存在很大的困难。长时间储存或者利用赤泥时，赤泥中的液体会释放到周围环境中去，通常在排放之前需要以某种方式对赤泥进行化学中和和稀释处理。随着干法处理的出现，赤泥的处理取得了很大的进展。在赤泥处理过程中，压力过滤、清洗以及局部的 pH 中和都是非常重要的。赤泥的改性处理是未来储存和利用赤泥的一个重要影响因素。

(1) 海水改性

海水改性是指通过加入海水使赤泥中的氢氧根离子、碳酸根离子、铝离子等可以与海水中的镁离子、钙离子反应，从液体中移除形成碱性固体碳酸镁 $[Mg_6Al_2-(CO_3)(OH)_{16} \cdot 4H_2O]$ 和碳酸钙。通过海水改性可以把赤泥的 pH 缓冲到 8～9。海水中和后赤泥的盐吸附能力增强，并且具有较高的俘获金属的能力。海水中和后赤泥的这些特点使其可以用于其他工业生产中。

(2) 无机酸改性

无机酸改性是指用大量的低成本的无机酸（如硫酸）与赤泥中的铝酸盐矿物反应生成 $Al(OH)_3$ 沉淀。利用无机酸中和后的赤泥中不含残留碱。但是，这种方法处理后的赤泥泥浆中会形成凝胶状沉淀物，在赤泥排放之前需要移除。另外，这种改性方法不会改善赤泥的物理性能。

(3) 碳化改性

碳化改性是指将 CO_2 气体通入赤泥泥浆中，对赤泥泥浆进行快速中和，在赤泥泥浆中发生反应式（1-2），这个反应会导致赤泥泥浆的 pH 迅速下降，直到 CO_2 的中和作用达到平衡。碳化改性应用在干法处理赤泥的过程中会导致改性后的赤泥表面结皮和破裂，为水分的蒸发提供有利条件，进一步导致赤泥干燥过程加快。

$$CO_2 \ (g) + OH^- \longrightarrow HCO_3^- \ (aq) \qquad (1-2)$$

碳化改性的优点在于降低赤泥储存过程中对地下水的危害，减少温室气体的排放以及提高未来赤泥再利用的潜能。但是 CO_2 的供给是碳化改性应用的关键。

(4) SO_2 改性

SO_2 改性是利用赤泥中的钠铝硅酸盐与 SO_2 反应生成亚硫酸盐，再通过空气的氧化作用生成硫酸盐。利用 SO_2 与赤泥反应已经成为去除烟道气体中的 SO_2 的一种方式。这种除去 SO_2 的方式已经被日本申请专利，并且已经应用。但是，赤泥与 SO_2 反应只能作为赤泥再利用的一个方向，利用量小，对赤泥的总储量影响不大。此外，利用 SO_2 从赤泥中回收钠和铝矾土已经申请专利。

1.2.4 赤泥储存存在的问题

赤泥的储存、改性和应用以及对储存赤泥长时间监管的最大障碍是其高碱性。赤泥的高碱性是拜耳法过程中复杂的固相和液相反应相互作用的结果。目前，赤泥的储存趋势是向着干法为首选的技术方向发展，但是干法储存需要大量的土地面积，长期储存的赤泥中的有害物质会危害周围的环境。因此，干法储存需要预先对赤泥进行适当的改性处理。目前，赤泥的改性方法有很多，迄今为止最有效的方法包括用海水和赤泥泥浆混合，利用海水中的镁离子和钙离子沉淀赤泥泥浆中的氢氧根、碳酸根和铝酸根离子，或者是利用二氧化碳与赤泥泥浆混合产生碳酸钙和钙铝碳酸盐。无机酸中和由于会影响赤泥中的氢氧化物以及对赤泥的物理性能产生影响，没有上述两种方法好。但是，无论哪种储存方法和改性方法都无法减少赤泥的总储量。

1.3　国内外赤泥再利用研究进展

随着铝工业的发展，赤泥巨大的产出量，因其高碱性、含有少量重金属及微量放射性元素的特点，已经成为制约铝工业发展的重要因素之一。传统意义上的对赤泥进行改性处理后堆存的方式并不能从根本上解决赤泥产生的问题。但是，赤泥中含有的一些特殊的矿物和元素，以及其具有微细、多孔等特点使其可以作为一种再生资源应用。对赤泥的理想处置方式是使其作为一种工业副产品大量应用到其他工业生产中，这样不仅解决了赤泥大量堆存所产生的环境问题，也使赤泥成为一种可利用资源，进一步缓解了全球资源短缺的问题。针对赤泥的资源化应用，近几十年来，来自加拿大、美国、英国、德国、中国、日本和印度等国的学者对赤泥在化工、环境、农业、建筑和冶金等领域的应用开展了广泛的研究。

1.3.1　建筑材料应用

赤泥中的无定形铝硅酸盐矿物在水泥水化过程中放出的 $Ca(OH)_2$，会产生水化作用，是赤泥潜在活性的主要来源。赤泥具有潜在活性，磨细赤泥颗粒较小，可以填充材料空隙，使其能够起到增强材料的作用。而赤泥作为建筑材料应用的一个特点是可以大量消耗，解决因大量赤泥的堆存而产生的一系列问题。目前，混凝土是主要的建筑材料，在水泥或混凝土中大量掺加赤泥，或者是将赤泥作为地质聚合物的代替物应用于土木工程中都是很有价值的。

1. 水泥

从组成上来看，赤泥中含有大量的 SiO_2、Al_2O_3、Fe_2O_3、CaO 以及硅酸盐矿物等，可以作为生产水泥的原料，与石灰石、砂岩、黏土等混合配制生料。从物相上来看，赤泥中含有的大量 $\beta\text{-}C_2S$ 是水泥的主要物相之一，在生产水泥熟料时能起晶种的作用。赤泥的添加对降低能耗、提高水泥的早期强度和抗硫酸盐侵蚀能力有一定的贡献。国内外学者对赤泥在水泥方面的应用，做了大量的研究。

（1）赤泥应用在无熟料水泥中

潘志华等利用矿渣和赤泥，研制出了具有优良性能的碱矿渣赤泥道路硅酸盐水泥，其中水泥中矿渣与赤泥之比为 70：30，固体碱性激发剂的掺加量为 14％。采用复合型固体碱性激发剂和矿渣、赤泥构成的双激发剂、双原料体系，不但克服了原有的碱激发胶凝材料使用液体水玻璃作为激发剂而带来的凝结过快和运输、使用不便等问题，而且使激发剂之间和原料之间产生一定的互补效应，得到良好的激发效果并使水泥的性能改善。碱激发胶凝材料的研究推进，为有效地利用工业废渣、保护环境开拓出一条新的可能的途径。

原建筑工程部水泥研究院在《赤泥硫酸盐水泥》一书中介绍了利用赤泥和粒状高炉矿渣配合适量石膏、石灰磨制赤泥硅酸盐水泥，其配比为赤泥 45％～50％、粒状高炉矿渣 30％～35％、石膏 14％～16％、石灰（按 CaO 计算）2％～3％。赤泥硫酸盐水泥的制造过程较为简单，并且在生产中的煤耗和电耗均较普通硅酸盐水泥少，生产成本也比硅酸盐水泥低得多。赤泥硫酸盐水泥的性能与硅酸盐水泥相似，但它的空气稳定性较差、水化热低、抗渗性强和接触性好，不适宜地上承重工程使用，较适宜在地下和水中工程方面使用。

国外研究者利用赤泥：石灰石：水化石灰：硅灰＝39.5：39.5：14：7 的配合比磨细制得建筑水泥。它的 28d 强度达到 16.7MPa，122d 强度达到 18～22MPa。

（2）赤泥代替黏土作为生产水泥的原料

Singh 等研究了利用石灰、赤泥、铝矾土等制备特种水泥，结果表明赤泥的干质量添加量为 20％～50％时，可以生产出比普通硅酸盐水泥凝结强度高的水泥。Vangelatos 等用石灰石、砂岩和含水率为 28％～32％的赤泥生产水泥，结果表明，赤泥的加入可以提高生料的易烧性，加入 5％的赤泥可以生产出满足性能要求的普通硅酸盐水泥。Duvallet 等利用赤泥掺量为 15％的生料块生产出低能量、低二氧化碳的水泥，结果表明这种水泥可以满足使用要求。

Wang Wenlong 等研究了利用山东铝厂脱碱赤泥、脱硫石膏、铝矾土和石灰石制备硫铝酸盐水泥，结果表明利用赤泥和脱硫石膏制备硫铝酸盐水泥的应用是可行的。在 1300℃，可以制备出主要矿物为硅酸二钙和硫铝酸三钙的水泥熟料，这项应用可以降低烧成能耗、生产成本，具有良好的社会和经济效益。赵宏伟等利用赤泥作为主要原料，在 1300℃温度下成功烧制硫铝酸盐水泥熟料，并对其进行了分析。结果表明，水泥熟料有较好的易烧性，熟料主要矿物发育良好。水泥净浆试块强度测试结果表明：1d、3d、28d 龄期的抗压强度分别为 42MPa、50MPa、65MPa，抗折强度分别为 8.0MPa、8.5MPa、12.5MPa，早期强度较高且增速稳定。卜天梅等利用常压石灰脱碱后的烧结法赤泥，经过活性物质进行表面处理后，作为一种生产水泥的生料。结果表明：赤泥掺量在 30％～50％时，可以制备满足使用要求的水泥，且烧成温度降低 100～150℃。

（3）赤泥作为水泥混合材应用

赤泥具有一定的活性，可以用来作为水泥混合材料，这样不仅可以使水泥产量增加，也可以降低水泥生产成本，并且可以达到适当改善水泥的某些性能的目的。在水泥生产过程中加入赤泥作为混合材，不仅可节省熟料及相关的资源与能源，同时，大量利用工业废渣还可以减少环境的污染。

Tsakiridis 等研究了将赤泥作为微量添加剂用于水泥生产中，结果表明，添加 3.5% 的赤泥，煅烧温度为 1450℃时，赤泥的掺加并没有影响水泥熟料的矿物特性，对水泥的性能也没有不利的影响。杨久俊等研究了不同赤泥掺量的赤泥复合硅酸盐水泥的力学性能，结果表明：赤泥复合硅酸盐水泥的力学性能随着赤泥掺量的增加而下降，且经水化固化后其放射性得到有效的调控。当赤泥掺量不大于 20% 时，其符合 42.5 等级水泥的要求。任家宽采用酸性工业废渣磷石膏作为赤泥中和剂，降低赤泥中含碱量。通过在一定温度下煅烧赤泥和磷石膏的混合物，使低活性 γ-C_2S 转化为高活性的 β-C_2S，提高赤泥的活性。结果表明，赤泥与磷石膏按 10∶1 比例混合后，在 800℃进行煅烧，保温 2h 后自然冷却，用改性赤泥作为水泥的混合材，并取得良好效果。在水泥中掺 45% 的混合材，改性赤泥比赤泥用作混合材时后期强度提高近 16%，水泥的各项物理性能仍能满足 52.5 级水泥国标的要求。吴芳等通过测定同水胶比下拜耳法赤泥与普通硅酸盐水泥、硫铝酸盐水泥复配的水泥浆体孔溶液 pH 和抗压强度，结合 XRD 分析研究了赤泥掺量对复配体系孔溶液碱度及抗压强度的影响。结果表明，普通硅酸盐水泥浆体和硫铝酸盐水泥浆体孔溶液碱度均随赤泥掺量的增加而增大，掺入赤泥并不会引起水泥水化后期孔溶液碱度的增加，普通硅酸盐水泥中赤泥掺量宜控制在 30% 以内，而硫铝酸盐水泥中赤泥掺量则不能超过 20%，普通硅酸盐水泥孔溶液碱度发展与强度之间存在明显的相关性。

2. 集料

集料是混凝土的主要组成成分之一，主要起骨架、减小体积变化和胶凝材料的填充物作用。集料的使用量非常大，普通混凝土填充料砂石的消耗量尤其大，寻找新的集料的替代材料是当前混凝土产业面临的重要问题之一。

王玉麟等用拜耳法赤泥取代部分水泥及细集料配制砌筑砂浆，对砂浆性能进行了试验研究，结果表明：拜耳法赤泥可以作为砌筑砂浆的矿物掺和料，并能够有效地改善砌筑砂浆拌和物的和易性；当拜耳法赤泥取代水泥用量的 30%、采用 1.2 的超量系数，或拜耳法赤泥取代水泥用量的 50%、取代细集料用量 2% 时，砂浆的和易性和力学性能显著提高。Showa Denko 等在其专利中说明将赤泥在 220℃下煅烧 2h，再在 1200℃下煅烧 2.5h，可以生成一种抗压强度优于碎石的集料产品。

3. 路基材料

将赤泥作为建筑材料应用在路基上，技术要求比较简单，并且有可能实现大规模的应用。杨家宽等利用国内氧化铝厂的烧结法赤泥和电厂粉煤灰为主要原料，进行了以烧结法赤泥作为路面基层材料的室内试验，并在此基础上，在山东淄博建造了第一条烧结法赤泥的示范性公路，全长约4km，共消耗干基赤泥约15000t，是近年来消耗赤泥量最大的应用工程。赤泥基层强度达到了一级公路和高速公路的国家标准，经过经济性分析，赤泥混合基层的工程造价成本比传统基层材料单位压实方低10～20元。齐建召利用赤泥、石灰和粉煤灰制备路基材料。研究结果表明：采用适当的配比制备的赤泥道路基层材料强度可满足高等级公路的要求，7d和28d抗压强度分别达到2.0MPa和3.0MPa以上，与传统的半刚性基层材料相比，赤泥基层具有强度高、回弹值大等优点。Jitsangiam等论述了利用赤泥与粉煤灰、水泥等制备一种变形稳定的路基材料。

4. 砖

赤泥的细度比细沙略小，具有一定的塑性和活性，可以作为激发剂激活粉煤灰矿渣等，可以作为生产砖的原料。李大伟等对不同坯体配方的赤泥烧结砖样品进行物理性能测试，分析了烧结温度和黏土含量对烧结砖的影响。结果表明，以赤泥作为主要原料生产烧结砖是可行的，制得的烧结砖具有烧成温度低、赤泥掺量大的优点，并能得到抗压强度在20MPa以上，吸水率在18%以下，符合GB/T 5101—2017《烧结普通砖》要求的赤泥烧结砖。采用黏土掺量20%、赤泥掺量80%的配比，烧成温度较低，不仅满足生产要求，还可以大量利用赤泥。Yang等论述了中国用烧结法赤泥作为生产免烧砖的原料，铝土矿在与NaOH结合之前先在1200℃下烧结，使赤泥中含有C_2S。相比之下拜耳法赤泥的主要成分是赤铁矿、针铁矿、水软铝石、三水铝矿、方钠石、石英以及各种含钙化合物，烧结法赤泥中出现的C_2S也是普通硅酸盐水泥的主要组成成分，使其不经过煅烧能够形成一种高强度产品，利用赤泥与填充料、黏结剂生产的砖可以达到中国一级砖的标准，在室温下的制作过程也适用于生产其他建筑材料，例如生产砌墙以及护土结构用的大块砖。

5. 地聚物

与普通的硅酸盐水泥依赖水化钙硅酸盐的形成相比，地聚物是由多个硅和铝的前躯体与碱反应缩合而成。地聚物形成的关键是硅和铝溶解在碱性的环境中，然后沉淀形成一种无定形的固体聚合物。赤泥中含有大量的含铝硅的矿物，以及一些碳酸盐可以用来形成地聚物。Diams等研究了赤泥和碱金属硅酸盐溶液在高碱环境下反应生成非晶态到半晶态的地质聚合物，结果表明这种赤泥地质聚合物具有较高的抗压强度，吸水率极低并且具有良好的耐火性能，具有作为结构元素应用在建筑领域的潜力。地质聚合反应有可能成为赤泥的一个重要应用，这项应用在提供低成本、低能耗的建筑材料方面很有优势。

1.3.2 化工应用

赤泥是 Fe、Al、Ti、Si、Ca、Na 等氧化物的混合物，因此可以作为传统催化剂的一种潜在替代物。赤泥具有三氧化二铁和二氧化钛含量较高、比表面积较大、具有良好颗粒形貌和价格低廉等特点，近年来国内外学者对赤泥在催化剂领域的应用进行了大量的研究。

于海波研究了利用改性赤泥制备多种 CO 氧化催化剂，结果表明赤泥负载8％CuO 制备的催化剂具有连续催化氧化 CO 能力、很高的催化活性和稳定性，有着广阔的研究和应用前景。Sushil 和 Batra 等研究了赤泥作为催化剂在加氢、脱氯和清除废气等方面的应用，但是结果表明未改性的赤泥在催化剂应用方面与氧化铁以及其他商业催化剂相比效果很差。

赤泥的成分与黏土相似，可以代替黏土作为生产陶瓷的原料之一。艾琦等利用赤泥和磷石膏两种原料与传统原料按照一定的比例混合，结果表明：赤泥掺量为 21％，烧结出的陶瓷性能达到传统陶瓷原料生产出产品的要求。蒋述兴等在不掺加特殊添加剂的情况下利用赤泥和高岭土为主要原料，经压制成型，成功制备出建筑陶瓷。

赤泥具有潜在活性且具有膨胀性小、收缩率低和保水性能好等特点，可以用来制备胶结剂和填充剂。周爱民等在分析赤泥的潜在活性的基础上，通过添加活性剂对赤泥进行活化，成功制备了充填性能优于普通硅酸盐水泥的高性能、低成本赤泥胶结剂。

赤泥由于来源不同而具有特殊的结构，脱碱赤泥可以很好地与高分子材料进行结合。房永广研究了采用赤泥作为高分子材料的填充剂，结果表明：赤泥本身具有高碱性，能够明显加快橡胶的硫化速度，缩短硫化时间。赤泥的物相中含有的大量铝硅酸盐和氧化铁矿物，使赤泥作为充填料充填橡胶时可以明显增强复合材料的耐腐蚀性能。但是赤泥在作为填料的过程中，由于相对密度较大，呈赤红色，影响了赤泥在这方面的应用。Sglavo 等对赤泥黏土耐火材料中的浓度和烧成温度进行了系统的研究，结果表明干燥的赤泥在煅烧至 900℃时，是混合生料中的惰性成分，赤泥可以作为有用的填充料，在 1000℃ 以下生产传统黏土基陶瓷时作为着色剂。但是在这种情况下赤泥是惰性填充剂，产物的强度会随着赤泥掺量的增加而降低，限制了赤泥的添加量。在较高温度下，赤泥中的碳酸盐以及二氧化硅形成硅酸钠会改善材料的流动黏性从而提高产物的最终强度。在 1000℃以上铁和钛反应生成铁钛酸盐，这也会提高产物的强度以及使产物呈现出棕色。赤泥也可以作为防护涂料应用，例如，将赤泥等离子喷涂到铝或者铜构件上作为抗磨损涂层。Amritphale 等证实了赤泥在生产陶瓷防辐射产品上是有优势的，由于其在烧结液相中形成陶瓷矩阵。这种屏蔽材料在对屏蔽厚度要求以及抗压强度、抗冲击强度上优于普通的硅酸盐水泥基屏蔽材料。

1.3.3 冶金应用

赤泥是多种金属和非金属氧化物的混合物，其中含有较多的 Na_2O、Al_2O_3、Fe_2O_3 和 TiO_2，表1-1为中国铝业河南分公司的拜尔法和烧结法赤泥中几种氧化物含量，可以看出拜尔赤泥和烧结赤泥中四种氧化物的总含量分别为52.51%和20.94%。另外，赤泥中还含有少量的微量元素，如 Cr、Ni、Mn、Zn、Cu、Ga、As、Rb、Sr、Zr、Nb、Ba、Ce、Th 和稀土元素等。因此，从赤泥中回收主要金属和稀有金属等也成为赤泥应用的研究领域之一。

表1-1　赤泥主要金属氧化物含量

氧化物	Na_2O	Al_2O_3	Fe_2O_3	TiO_2
拜耳法赤泥	9.65	25.75	13.81	3.3
烧结法赤泥	2.16	6.86	9.37	2.55

赤泥中主要金属的回收包括 Na、Al、Fe 和 Ti。杨文针对拜耳法赤泥中含有较多的铁、铝的特点，研究了采用碳热还原-碱石灰烧结联合法，回收铁和氧化铝的工艺。结果表明氧化铝回收率为83.77%，铁的回收率达82.35%，为进一步回收铁、稀贵金属等创造了有利条件。印度的赤泥中 TiO_2 的质量分数为28%，所以 TiO_2 的回收在那里更有可行性，即先用氯化氢然后用硫酸处理赤泥，可以提取出97.5%的 TiO_2。

赤泥是含有多种金属的潜在资源，如硅、钛、铁、铝的氧化物以及其他有价值成分（如钪、铀、钍等）。俄罗斯的研究人员用与处理低品位铀矿石的相似方法处理赤泥，用无机酸和离子交换直接分离放射性和其他有价值元素，研究了从不同来源的赤泥中回收钛、铀、钪、钍的可行性，目的是回收有价值元素和降低赤泥的放射性，使其能够应用在建筑材料上。希腊氧化铝厂先用离子交换，然后用硝酸过滤的方法提取钪，已经由实验室进入了工厂试验阶段。

1.3.4 农业应用

赤泥的阳离子交换能力大于天然黏土，可以利用赤泥的碱性来提高酸性土壤的pH。当赤泥被中和至pH小于8时，会含有较高浓度的铁离子和铝离子，使赤泥具有很高的固磷能力，因此，赤泥可以作为土壤改良剂和固磷剂应用于农业中。

赤泥的离子交换能力比较大，对部分重金属离子具有良好的吸附性能。国内外学者针对赤泥作土壤改良剂进行了大量的研究。田杰等通过盆栽试验，研究了

赤泥对污染土壤中 Cd^{2+}、Pb^{2+} 和 Zn^{2+} 形态和水稻糙米中 Cd^{2+}、Pb^{2+} 和 Zn^{2+} 含量以及水稻生长状况的影响。结果表明：添加赤泥可以明显提高土壤的 pH，改变土壤中 Cd^{2+}、Pb^{2+} 和 Zn^{2+} 的化学形态，显著降低土壤中可交换态 Cd^{2+}、Pb^{2+} 和 Zn^{2+} 的含量，减弱土壤中 Cd^{2+}、Pb^{2+} 和 Zn^{2+} 的移动性和生物有效性，添加少量赤泥可以促进水稻生长，但当赤泥施量超过 10.0g/kg 时水稻的生长会受到抑制。Barrow 的研究发现在湿度势为 30～1500MPa（植物的适宜水势）时，赤泥的蓄水能力比沙土大 15%～20%，这表明用赤泥作改良剂可以提高沙土的蓄水能力。

赤泥被中和到 pH 小于 8 时，其中的赤铁矿和针铁矿，以及残留水软铝石和三水铝矿中含有较高浓度的铁离子和铝离子，这些物质的网络边缘能够吸附磷酸盐，使赤泥具有很高的固磷能力。赤泥的矿物学特征及吸附磷的特性可以减弱甚至阻止磷向地表及地下水中渗透，利用这一优异性能可以将赤泥应用于含磷少或其他营养元素保留能力低的土壤磷循环改良中，具有很大的意义。澳大利亚西部经过改良的这种地区具有一定的代表性，澳大利亚农业部对此地区开展了一系列的研究，结果表明赤泥在固磷方面具有很大的实用性，固磷改良使磷向河流中的排放量减少了 75%，草地产量提高了 25%，某些控制较好的地区草地产量甚至提高了一倍。

1.3.5 环保应用

赤泥的高碱度使其具有水解或者沉淀金属，形成氢氧化物或者是碳酸盐的能力。高浓度的铁、铝以及钛的氧化物（包括氢氧化物等），可以与金属和非金属发生表面吸附反应。此外，二氧化钛能够促进氧化反应。因此，赤泥可以应用在环境修补和环境清洁方面。这些应用包括废水、废气的处理和酸性土壤的改良等方面。

土耳其研究者利用赤泥吸附水中的放射性元素 [137]Cs、[90]Sr，试验结果表明对赤泥进行水洗、酸洗和热处理有助于 [137]Cs 吸附，但是热处理对赤泥表面吸附 [90]Sr 的活性点不利，导致对 [90]Sr 吸附能力不高。Lopez 等研究了来自西班牙氧化铝厂的改性赤泥处理废水，结果表明石膏改性的赤泥能在水中形成良好的稳定的集料。在接近中性的 pH 环境中，赤泥的吸附能力由大到小顺序如下：铜、锌、镍、铬，对城市污水连续流这四种金属的浸出试验表明，镍的吸附能力是100%，铜是 68%，锌是 56%，铬是 38%。Couillard 研究了一种由硫酸激活的赤泥吸附剂，这种吸附剂在 pH 为 6.5～7.5 时，可以去掉水中 70% 的磷酸盐，先用盐酸然后用热处理激活的赤泥在 pH 为 7 时，可以移除水中 99% 的磷酸盐，比处理过的粉煤灰效果好得多。研究表明，利用适当改性的赤泥处理污水可能不会引起毒性问题，但是这还需要进行更深入的研究。

在碱性缓冲液中，SO_2 可以迅速与 2 个 OH^- 反应生成 SO_3^{2-} 和 H_2O。SO_3^{2-} 暴露在空气中时会被氧化生成 SO_4^{2-}，被用在有限地利用煤作为燃料的氧化铝工厂里减少 SO_2 的排放。赤泥吸收 SO_2 还可以减小赤泥本身的 pH，减少脱硅产物（赤泥中一种含碱矿物）的产生。到目前为止，赤泥洗涤 SO_2 是赤泥在环境方面仅有的已经实施的应用。

在利用赤泥或者改性赤泥作为缓冲剂中和酸性矿山排水以及硫酸的应用上有很多研究。不像作为污水吸附剂，处理酸性矿山排水主要是利用赤泥中多余的 OH^-、CO_3^{2-}、$Al(OH)_4^-$ 以及其他以固体或者是液体形式出现的缓冲剂中和酸。在中和的过程中，赤泥和矿山废水中的重金属可能也会参与或者吸附在已经出现的不溶性金属氧化物的表面。Doye 和 Duchesne 研究了 pH 为 3 的酸性矿山废水与 10% 的改性赤泥反应，在 pH 开始下降之前可以达到 6。相同的酸性矿山废水与 50% 的赤泥反应时，pH 会接近 9。比较起来，Paradis 研究了 10% 的改性赤泥，使酸性矿山废水的 pH 保持在 7~9.5 范围内 125d。Tuazon 等研究了海水中和赤泥与 $CaCO_3$ 在中和酸的方面的 CO_2 释放量与耗电量进行了评估。结果表明海水中和赤泥在中和酸的过程中与 $CaCO_3$ 相比释放 20% 的 CO_2，消耗 40% 的电能。然而，海水中和赤泥中和酸的容量比较小，商业运输成本较高。

1.3.6 赤泥应用存在的问题

目前，国内外对赤泥的资源化应用，其主要目的在于消耗赤泥，减少大量赤泥储存对社会和环境造成的危害。由于赤泥本身所具有的特点，使以其为原料的应用产品的生产和应用都会受到一定的限制。

在建筑材料方面，由于赤泥具有碱含量较高、成分易产生波动和含水量高等特点，不仅使以赤泥为原料的水泥生产失去优越性，在水泥的应用过程中还会引起碱-集料反应等问题，同时由于赤泥具有多孔性和强烈的吸水性的特点，导致掺加赤泥后的水泥的成型需水量大大增加，赤泥作为混合材掺入时水泥强度随着赤泥掺量的增加而急剧下降；赤泥作为集料替代物时由于其抗压强度比较低，赤泥用在集料生产上一般需要经过干燥、粒化和煅烧等过程，增加生产成本；目前赤泥砖只是应用在部分地区，由于对它的长期稳定性、渗透性和放射性等性能尚未研究清楚，导致赤泥砖没有被广泛应用。

赤泥在化工和环境方面的很多应用都需要对赤泥进行预处理，包括粉碎、热处理、硫化、加酸以及其他的物质，使其转化为比较活跃的形式。由于在温度升高时钠会促进烧结并且会导致赤泥颗粒的比表面积变小，还需要移除钙和钠。赤泥在化工和环保方面的应用发展需要其在成本上较其他替代物具有优势，赤泥在技术上是没有竞争力的，它的优势只能是低成本。赤泥在催化剂等方面的应用已经实施，但是此领域的应用很难在赤泥的储量上产生明显的影响。同时，废催化剂也需要被处理，而且其危害远远大于原始的赤泥。因此，该领域不能优先用来减少全球赤泥的储量。

在冶金方面，相比较铁矿石含有大于 99% 的 Fe_2O_3 和小于 5% 的自由水，赤泥中的铁含量较低，自由水较多，单纯的回收铁工艺复杂，耗能大；而回收铝的过程首先需要对赤泥进行烧结和酸处理，工艺复杂，耗能大，经济成本较高；赤泥回收稀有金属元素在技术上是可行的，但是，从赤泥中提取出含有的微量元素，并不能影响赤泥的储量，所产生的污水难以处理，且处理后的赤泥在金属浸出、絮凝、固结等方面的性能有很大的不同，赤泥更加难以储存和利用。

在农业方面，未改性的赤泥的高碱性以及中和赤泥中的游离 $Al(OH)^-$ 的增加，使赤泥直接应用在土壤改良剂之前需要进行改良以减小其毒性。由于其潜在的经济和环境效益以及赤泥在这方面大规模应用的潜力，研究和发展需要继续。虽然有研究表明赤泥和赤泥改良土壤或者是被食物吸收的重金属和放射性物质都没有达到有害水平，但是赤泥应用在农业上的安全性仍然需要进一步的研究。

1.3.7 赤泥应用需要跨越的障碍

研究赤泥未来可实施的大规模应用，需要跨越以下几点障碍：

（1）消耗量。在未来再利用时，需要大量消耗赤泥，这在未来解决赤泥的储量问题上会产生重大的影响。由于赤泥具有高碱性，含有微量重金属和天然放射性物质，即使在应用前对赤泥进行预先处理，在应用量上仍然不足以解决赤泥储量的问题。

（2）产品性能。赤泥在任一方面的应用必须在其质量、成本、风险与传统材料相比具有一定的竞争力。例如赤泥道路硅酸盐水泥作为建筑材料利用时，与普通硅酸盐水泥相比必须具有竞争力。赤泥中铁的提取与从铁矿中提取铁相比更具优势等。即使赤泥应用产品免费提供给消费者，新产品的性能仍需要满足消费者的需求以确保消费者的信任。例如：化肥和土壤添加剂需要定量应用赤泥以控制产品质量，使其与同类化肥相比具有竞争力。

（3）经济成本。赤泥的利用整体进展不明显是因为每一个技术的实施都需要进行经济上的可行性分析。赤泥没有特殊的或者独特的性能使它能够代替低成本的原始材料。现阶段对赤泥应用的经济因素是未知的，经济上的可行性分析也是有限制的。如：现有的赤泥存放区域管理，未来赤泥脱碱的花费，烟气尘垢、废液等工业副产品的应用所节省的成本等。

（4）危害。对于赤泥任何方式的应用，必须保证利用的危害性小于继续长期存放赤泥所产生的危害。这些危害性包括由于赤泥的运输、加工处理以及应用过程中对人类健康、安全以及环境产生的问题。例如：赤泥浸出水有向地下水渗透的危险，它含有的重金属离子有天然的辐射性，会辐射田地里的庄稼，以及向空气中传播的灰尘也需要做危险性评估。赤泥与岩石和矿石一样含有天然的放射元素和一些金属物质。这些物质中的大部分在拜耳过程中不会被溶解，因此在赤泥中富集为原来的 1.7 倍。它们都会影响到赤泥产品的性能，在某些情况下还会影响到赤泥产品的寿命。

1.4　赤泥脱碱机理

赤泥的碱含量过高是赤泥在建筑材料领域不能大规模应用的重要因素之一。从 20 世纪 80 年代至今，国内外学者已经针对赤泥脱碱进行了大量的试验研究，主要脱碱方法有石灰水热法、常压石灰法、碳化法、盐浸出法、工业"三废"中和法、石灰纯碱烧结法、细菌浸出法等。但是大多数脱碱方法尚处于实验室研究阶段，常压石灰脱碱法具有操作简单、脱碱效率高、节约能源以及不造成二次污染等特点，并且脱碱后赤泥适合应用于建筑材料领域，本书所述为采用常压石灰法处理烧结赤泥进行赤泥脱碱。

李建伟认为 K^+、Na^+ 在干燥的赤泥中主要有两种赋存状态，一种是以 Na_2CO_3、$NaAlO_2$、KOH、K_2CO_3、$NaHCO_3$ 等状态存在的可溶性碱物质，这种 K^+、Na^+ 经过水洗即可脱除；还有一种是以水合硅铝酸钠（$Na_2O \cdot Al_2O_3 \cdot 1.7SiO_2 \cdot xH_2O$）、方钠石（$Na_8Al_6Si_6O_{24}CO_3$）、钠硅渣等状态存在的不可溶性碱物质，其中的部分 K^+、Na^+ 可以在浆体通过离子交换被能力较强的 Mg^{2+}、$NH4^+$ 等置换出来，形成更稳定的不溶物或络合物，另外一部分 K^+、Na^+ 吸附在晶格中不易被置换出。常压石灰法脱碱的机理即加入交换能力较强的 Ca^{2+} 置换出部分可交换的 K^+、Na^+，使其生成可溶性的钾（钠）盐或碱，经水洗脱除。

李小雷等认为常压石灰法赤泥脱碱工艺即在低浓度液相中 CaO 达到溶解度的饱和浓度，形成 CaO-Na_2O-Al_2O_3-SiO_2-H_2O 平衡体系，置换出部分 Na^+，进入溶液。其反应机理为：

$$Na_2O \cdot Al_2O_3 \cdot 1.7SiO_2 + nH_2O + Ca(OH)_2 \longrightarrow 3CaO \cdot Al_2O_3 \cdot nSiO_2 \cdot (6-2x)H_2O + NaOH$$

即在合适的温度、赤泥跟石灰有较佳的配比、适当的搅拌时间等条件下，赤泥中的钠离子可以被石灰中的钙离子部分取代，从而使钠离子进入溶液溶出，赤泥中的碱得到有效脱除，剩余碱含量明显下降。

孙道兴等认为在赤泥与水的混合体中加入活性氧化钙，氧化钙在水热条件下与赤泥的组分发生如下反应：

$$CaO + H_2O == Ca(OH)_2$$
$$Na_2O \cdot Al_2O_3 + Ca(OH)_2(aq) == CaO \cdot Al_2O_3 \cdot 6H_2O + 2NaOH$$
$$Na_2CO_3 + Ca(OH)_2(aq) == CaCO_3 + 2NaOH$$

$$Na_2SO_4 + Ca(OH)_2(aq) = CaSO_4 \cdot 2H_2O + 2NaOH$$
$$Na_2SiO_3 + Ca(OH)_2(aq) = CaO \cdot SiO_2 + H_2O + 2NaOH$$

即赤泥中不同形态的钠盐直接或间接与钙离子反应，大部分转变为可溶性碱和不溶性钙盐。其中典型的反应为钙钠置换反应，即含水硅铝酸钠和氧化钙发生如下反应，生成溶解度更低的硅铝酸钙：

$$Na_2O \cdot Al_2O_3 \cdot 2SiO_2 \cdot xH_2O + Ca(OH)_2 \; (aq) = CaO \cdot Al_2O_3 \cdot 2SiO_2 \cdot$$
$$xH_2O + 2NaOH$$

1.5 水泥放射性屏蔽机理

石灰石、矿渣、黏土、金属渣和石膏等都可以作为水泥生产的主要原材料，这些工业废渣及天然矿物原料之中都含有不同量的放射性物质钍（^{232}Th）、镭（^{226}Ra）和钾（^{40}K），以它们做原料来制备出的水泥必然含有一定的放射性物质，具有放射性。煤粉是水泥煅烧过程中的燃料，燃煤中一般都含有一定量的天然放射性矿物成分，研究表明，一方面燃煤烟气常会含有部分的^{238}U、^{210}Po、^{131}I、^{226}Ra及^{210}Pb等放射性同位素，这些放射性元素在水泥熟料的煅烧过程中能够进入水泥成品之中，另一方面煤粉燃烧之后的煤渣又是水泥制作的重要原材料，放射性物质在水泥生产过程中不断向下游富集，最终残留于制备的水泥当中。因此，水泥中放射性物质的主要来源为原材料和燃煤。

1.5.1 水泥对核素的固化机理

研究表明水泥对放射性核素离子的固化作用包括物理包封、物理和化学吸附、固溶固化等作用机制。

物理包封是指利用固体的高致密性来阻止核素离子的向外分散浸出。此法通过改善固化体的孔结构，使它内部的孔隙率大幅度下降，以满足固化要求。一般来说，水灰比与硬化水泥浆体的抗渗性和孔隙率息息相关。总体而言，降低水灰比可使水泥体的强度增加，孔隙率下降，除此之外，还可以在水泥基建材中添加硅灰等超细物质或使用加压成型技术来降低基体的孔隙率，改善孔结构。水泥体抗压强度是衡量其物理包封作用的重要指标，高强的水泥体意味着它的结构比较致密，孔隙率相对比较低，不能被轻易破坏，减小放射性核素离子的扩散面积可以有效地减小其向外扩散浸出。也就是说，增大固化体的致密程度，减小其孔隙率，改善它的孔结构，可以有效地减少固化体中放射性核素离子的向外扩散浸出。

物理和化学吸附是指水泥固化体对核素离子具有的吸附作用。水泥的水化产物中含有一部分 C-S-H 凝胶，凝胶的比表面积比较大，它的离子交换和吸附能力相对较强，固化后的水泥体的离子交换和吸附能力都随水化硅酸钙凝胶中 C/S 的下降而增强。Komarneni 等人研究发现，在 100℃ 以下发生水化的硅酸盐水泥生成的 C-S-H 凝胶结晶度一般都比较差，阳离子的交换和吸附能力一般都比较高。

固溶固化是指核素离子在一定的条件下可进入晶相之中，形成化学性能稳定的化合物。Lameille 等人研究发现，Cs 和 Sr 都能被水泥的水化产物所滞留，且水化产物对 Cs 的持留能力随着水泥之中铝酸盐矿物的增加而增强，Cs 能占据 C-S-H 凝胶中的钙位从而形成固溶体，而 Sr 与 C-S-H 凝胶可固溶固化生成另外一种 C-S-H 产物。

目前，磷酸盐水泥、地聚物水泥、碱矿渣水泥等一些常见体系对核素离子的滞留能力一般都比较强，用碱矿渣水泥作为固化材料是目前研究的热点之一。李玉香等人研究了富铝碱矿渣-黏土矿物胶凝材料体系，发现它的孔隙率比较低，强度比较高，耐辐照性能和抗硫酸盐侵蚀性能都比较好，最终可以得到对 Sr^{2+} 和 Cs^+ 浸出率都很低的放射性废物固化体。

1.5.2 水泥混凝土常用放射性屏蔽物质

水泥混凝土中常用的放射性屏蔽物质主要有以下几种：

（1）沸石

沸石是沸石族类矿物质的总称，是开放性较大的硅氧、铝氧四面体组成的一种架状硅酸盐结构，沸石的小孔穴和通道体积可以占到其总体积的 50% 以上，沸石孔比较大，通道大小分布比较均匀和稳定，孔的直径分布在 3～10Å 之间，直径比它小的物质能够被其直接吸附，直径比它大的物质则不能够被其吸附，以此对其他分子起到筛选的作用。沸石之所以能作为外掺吸收屏蔽物质，就是由于其吸附力的强大，对核素的吸附能力比较好。

（2）重晶石

重晶石之所以能够作为外掺吸收屏蔽物质是因为重晶石中含有大量的重金属元素 Ba。当 γ 射线透过物质层时，能与物质相互作用产生 3 种主要效应：电子对效应、康普顿效应和光电效应。当射线通过重晶石层时，对于任何一种效应，只要发生一次，γ 射线就会被全部吸收，或者在其损失部分能量后改变运动方向，也就是说，只要发生一次相互作用，具有原来特性（运动方向和能量）的 γ 射线就不复存在，即原来的 γ 射线被物质吸收，或者能量衰减后再传递。

（3）高铝水泥

将高铝水泥加水拌和后，最初形成具有一定可塑性的浆体，随后浆体会逐渐凝结变稠最终形成坚硬的石状固体——水泥石。高铝水泥水化产生的主要水化产物为水化硫铝酸钙、水化铝酸钙等,这些产物也就是常说的 C-A-H,它们的结构与黏土结构很类似,高铝水泥的水化产物 C-A-H 相当于 Al 取代部分 Si 位形成,这类凝胶产物有较强的离子吸附和交换能力,对放射性核素有较强的吸附性,因此,高铝水泥也可以作为外掺吸收屏蔽物质。

(4)铁矿石类

这类物质一般有褐铁矿($2Fe_2O_3 \cdot 3H_2O$)、废铁块、赤铁矿(Fe_2O_3)、铁砂、磁铁矿(Fe_3O_4)或钢砂等。它们之所以能作为放射性外掺吸收屏蔽物质,主要源于这类物质一般表观密度都比较大,以它们做集料配制出的混凝土表观密度都比较高,可以屏蔽 γ 射线、中子射线及 X 射线,此外褐铁矿所含的结合水能吸收掉一部分中子。

(5)钢渣

大量的试验结果表明,钢渣的表观密度一般都很大,并且其中含有一定数量的硼等轻元素,观察微观结构时发现,加入钢渣后,模块的结晶数量会明显增多,表明钢渣能有效屏蔽 γ 射线和中子,因此钢渣可以作为外掺放射性吸收屏蔽物质。

此外,蛭石、石膏粉、蛇纹石和含硼掺和料等也可以作为水泥混凝土的外掺屏蔽性物质。在配制混凝土时可以加入结晶水调节剂,增加混凝土含水量,也可以有效地屏蔽中子。

1.5.3 水泥混凝土放射性屏蔽机理

由于 α 射线和 β 射线的穿透能力很弱,对于水泥混凝土中放射性射线的屏蔽主要是防护中子射线和 γ 射线的外照射。γ 射线代表一种光子流,是一种高能量、高频率的电磁波,具有巨大的穿透能力和对生物体强烈的伤害作用,只有高密度的建筑材料才可使其衰减。中子主要由核反应产生,不带电荷,按其能量大小可分为快速中子、中速中子和慢速中子,中子射线具有高度的穿透能力和伤害作用,其中快速中子的屏蔽减速可通过与重原子核的碰撞来实现,而中速和慢速中子只有轻元素(如氢原子)才可吸收。目前国内外对混凝土防辐射技术的研究热点主要集中在如下两个方面:一是采用 $BaSO_4$、$2Fe_2O_3 \cdot 3H_2O$ 矿石或 Fe_3O_4 矿石作粗细集料,还可以添加拥有结晶水或含硼、锂等轻元素的化合物及化合物掺和料。二是使用混凝土高性能化技术,添加一定的矿物质掺和料,同时减小混凝土水灰比,尽可能降低混凝土的收缩率,增加它的密实性及抗开裂能力。

王萍等利用结晶水调节剂、褐铁矿砂和磁铁矿碎石成功配制防辐射混凝土。结果表明结晶水调节剂可以明显增加水泥水化产物的结合水量,使混凝土的总结晶水量提高,有利于对中子射线的屏蔽,且可提高混凝土的强度。

何登良等在水泥砂浆中添加不同含量的 Fe_2O_3 粉、$BaSO_4$ 粉、石膏粉、高铝水泥以及沸石粉，并和对照组进行放射性比活度的对比，结果发现放射性比活度均有不同程度的降低。重晶石对氡气的屏蔽主要以射线吸收为主，沸石对氡气的屏蔽作用主要是由于它具有较强的离子吸附能力，高铝水泥的屏蔽作用则主要是由于其水化后的产物具有较强的吸附和离子交换能力。

郑爱丽等人在粉煤灰基建筑材料中添加钢渣来进行放射性及氡气的屏蔽，试验结果显示钢渣对粉煤灰基建筑材料的放射性及氡气污染有很好的屏蔽作用。屏蔽机理为钢渣具有很大的表观密度，且含有一定量的硼等轻元素，可以用来屏蔽 γ 射线。同时粉煤灰通过掺和钢渣，其颗粒之间的间隙被小颗粒填充，形成致密的结构可以起到屏蔽氡的效果。

1.6　主要研究内容和创新点

本书针对赤泥碱、氧化铁含量过高、放射性超标、难以大规模应用于建筑材料领域的技术难点和关键科学问题，重点研究赤泥中碱的赋存状态，探索赤泥中碱的高效脱除提取技术并清楚其机理；充分利用脱碱赤泥中高氧化铁组分制备道路硅酸盐水泥，厘清高铁赤泥道路水泥烧结固溶机理、工艺参数及其矿物组分与性能之间的关系，同时探讨经过高温煅烧衰变、水化固结、固化屏蔽及制备道路水泥混凝土时添加屏蔽性物质对放射性的衰减屏蔽机理，为实现赤泥的高效资源化利用和无害化利用找出一条新途径并奠定理论基础。

1.6.1　主要研究内容

（1）对中国铝业河南分公司排出的不同类型的赤泥进行了取样和理化分析，为进一步对赤泥脱碱、赤泥道路硅酸盐水泥的制备和放射性屏蔽技术的研究提供基础数据。

（2）在研究赤泥碱赋存状态的基础上，分析了赤泥脱碱机理和赤泥各类碱的含量，并研究了赤泥脱碱的工艺参数，为赤泥作为部分生料应用于水泥制备提供技术支撑。

（3）在赤泥脱碱的基础上，首次提出利用脱碱赤泥制备道路硅酸盐水泥的思路，并对赤泥普通硅酸盐水泥和赤泥道路硅酸盐水泥的配比参数进行优化设计，研究分析了高铁赤泥道路水泥烧结固溶机理、工艺参数及其矿物组分与性能之间的关系。

（4）研究探讨了高温煅烧衰变、水化固结、固化屏蔽对赤泥道路硅酸盐水泥放射性的影响以及制备赤泥道路硅酸盐水泥混凝土时添加屏蔽物质对放射性的屏蔽衰减机理。

1.6.2　创新之处

（1）提出了将高铁赤泥大掺量应用于制备高铁道路水泥的思路，并且找到了赤泥道路硅酸盐水泥的制备工艺参数。

（2）研究了赤泥中碱的赋存状态，以及各类碱的含量，提出了赤泥中碱脱除的工艺方法。

（3）研究了放射性核素在赤泥道路硅酸盐水泥熟料中的赋存状态，以及高温煅烧和水化固结过程对赤泥道路硅酸盐水泥放射性的影响。

2 赤泥的理化特性研究

赤泥是氧化铝工业产生的碱性固体废弃物。大量储存的赤泥产生的一系列环境问题以及储存成本的日益增高已经成为氧化铝工业发展的障碍之一。传统的赤泥储存方式已经满足不了飞速发展的氧化铝工业的发展要求。将赤泥作为一种原料大量应用于工业生产中，是最佳的处置方法。目前，赤泥消耗量比较大的是建材行业，将赤泥作为原料应用在水泥、砖、混凝土集料、路基材料和地聚物的生产中，成为未来大量消耗赤泥的一种新的途径。

为实现赤泥的资源化应用，本章将系统研究赤泥的理化特性，旨在厘清赤泥的组成结构特点，为进一步研究赤泥的碱赋存状态、碱脱除工艺和利用赤泥制备硅酸盐水泥奠定基础。

2.1 赤泥样品的采集

2.1.1 采样区概况

本书采用的赤泥均取自中国铝业河南分公司赤泥库。中国铝业公司为中国最大的氧化铝生产企业。中国铝业河南分公司的生产系统中，拜耳法作为生产的主体，承担着氧化铝产量的 70%，烧结法承担了另外 30% 的产量，所产生的赤泥主要为拜耳法赤泥和烧结法赤泥。中国铝业河南分公司年产氧化铝在 200 万 t 左右，该公司平均每生产 1t 氧化铝就会产生 0.9t 赤泥，以此估算，中国铝业河南分公司赤泥年产量在 180 万 t 左右。目前，中国铝业河南分公司的赤泥已经排放到第 5 赤泥库。2014 年 9 月 16 日上午 8 点 20 分左右，由于郑州地区持续的强降雨天气，造成中国铝业河南分公司第 5 赤泥库 2 号坝出现一处管涌险情，随后造成局部垮塌，经过当地多部门抢险，虽未造成人员伤亡，但是赤泥洪水对附近的村庄房屋和农田造成了一定的危害。中国铝业河南分公司的赤泥储量巨大，并且赤泥量仍在以每年 180 万 t 的速度增加，本书选取中国铝业河南分公司的拜耳法和烧结法赤泥为研究对象，旨在解决中国铝厂河南分公司赤泥大量储存的问题，为赤泥的资源化应用寻求一条新的途径。

2.1.2 赤泥样品的采集

采样分别选取中国铝业河南分公司排出的拜耳法赤泥和烧结法赤泥。烧结法赤泥为长期堆放的陈赤泥，表层结有 1cm 左右厚度的硬化层，样品取自距表层下面约 50cm 处，呈红褐色、砂状。拜耳法赤泥取自新鲜的赤泥料浆库。样品分别由各自 100m² 的区域内所采集的 10 个样品混合组成。试样在实验室经过烘干，磨细并过 200 目筛备用。图 2-1 和图 2-2 分别为中国铝业河南分公司的拜耳法赤泥和烧结法赤泥。

图 2-1　拜耳法赤泥

图 2-2　烧结法赤泥

2.2 赤泥的化学组成特点

为了研究赤泥的化学组成特点，根据化学分析结合元素分析的方法，采用武汉理工大学材料研究与测试中心的 GBC-AVANTA-M 型原子吸收光谱仪进行测定。化学组成（质量分数，%）测定结果见表 2-1。

表 2-1 赤泥的化学组成   质量分数,%

氧化物	SiO_2	Al_2O_3	Fe_2O_3	CaO	MgO	K_2O	Na_2O	TiO_2	烧失量
烧结法赤泥	17.48	6.86	13.39	35.73	1.45	1.17	2.16	2.55	13.30
拜耳法赤泥	19.12	22.77	16.29	13.2	0.41	1.37	6.97	3.29	15.63

从表 2-1 可以看出,拜耳法赤泥的 Al_2O_3 和 Fe_2O_3 的含量较高,分别为 22.77% 和 16.29%,而烧结法赤泥的 CaO 和 SiO_2 含量较高,分别为 35.73% 和 17.48%。经计算,拜耳法赤泥和烧结法赤泥的钙硅比分别为 0.69、2.04,钙铝比为 0.54、5.21,钙铁比为 0.81、2.67,铝铁比为 1.40、0.51。与水泥熟料的成分相比,两种赤泥用于水泥生产时均需要做适当的成分调整。其中,由于拜耳法赤泥的氧化铝含量较高,其铝铁比较高,如果用来制备道路硅酸水泥,还需要另外加入铁质校正材料,提高了制备工艺的复杂性和生产成本,因此本书采用拜耳法赤泥制备普通硅酸盐水泥,烧结法赤泥制备道路硅酸盐水泥。拜耳法赤泥和烧结法赤泥中碱的总含量 ($Na_2O+0.658 K_2O$) 分别为 7.87% 和 2.93%,如此高的碱含量,在应用于水泥生产时会严重影响水泥熟料质量,因此需要对赤泥中碱的赋存状态和脱除工艺进行研究。

2.3 赤泥的矿物组成及结构特点

为了研究赤泥的矿物组成和结构特点,从而进一步研究赤泥中碱的赋存状态以及赤泥作为原料对硅酸盐水泥烧成的影响,分别采用日本理学 ZSX primus Ⅱ 型 X 射线衍射仪和 FEI 公司 Quanta-200FEG 型场发射扫描电镜对其进行 X 射线衍射(XRD)和扫描电镜(SEM)检测。

2.3.1 赤泥的矿物组成

拜耳法赤泥和烧结法赤泥的 XRD 图谱如图 2-3 和图 2-4 所示。从图 2-3 可以看出,拜耳法赤泥的主要矿物组成为方解石($CaCO_3$)、水化石榴石[$Ca_3 Al_2 SiO_4$ $(OH)_8$]、羟基方钠石[$Na_8 (AlSiO_4)_6 (OH)_2 (H_2 O)_2$]、水铝矿[$Al(OH)_3$]、赤铁矿($Fe_2 O_3$)和钾长石($KAlSi_3 O_8$)等。从图 2-4 可以看出,烧结法赤泥的主要矿物组成为方解石($CaCO_3$)、钙钛矿($CaTiO_3$)、铝酸钙($Ca_3 Al_2 O_6$)、硅酸二钙($Ca_2 SiO_4$)和钙铁榴石[$Ca_3 Fe_2 (SiO_4)_3$]等。

拜耳法赤泥是用强碱(NaOH)越过高温煅烧环节被直接用来溶解主要原料铝矾土,溶解后分离出的浆状废渣,残余的氧化铝较多。烧结法赤泥是铝矾土矿经过高温处理提取氧化铝之后的残渣,或多或少含有胶凝性的物质,如 $β-C_2S$、$γ-C_2S$ 和一些无定形铝硅酸盐物质,残留的氧化铝较少。

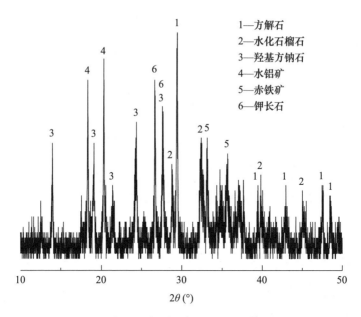

图 2-3 拜耳法赤泥 XRD 图谱

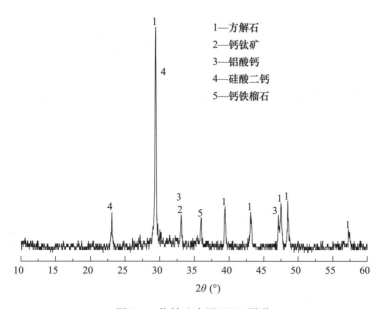

图 2-4 烧结法赤泥 XRD 图谱

2.3.2 赤泥的微观形貌特征

为进一步研究赤泥中矿物相的微观形貌特征，对赤泥试样进行了 SEM 检测，SEM 放大 500 倍和 10000 倍的照片如图 2-5 和图 2-6 所示。

图 2-5　拜耳法赤泥 SEM 照片

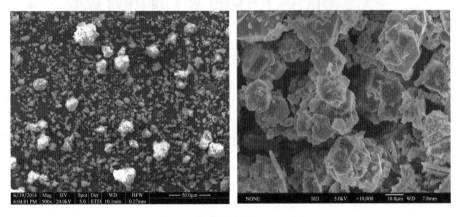

图 2-6　烧结法赤泥 SEM 照片

从图 2-5 和图 2-6 可以看出，拜耳法赤泥粒度较细，分散性较好，与 XRD 分析结果相结合可以得出，拜耳法赤泥中的矿物主要为白色颗粒状羟基方钠石、片层状方解石和褶皱状针铁矿。而烧结法赤泥的颗粒较粗，由于颗粒表面部分氧化物的胶结作用而形成 $0.1 \sim 10 \mu m$ 的团聚体。烧结法赤泥颗粒由于铝酸钠熟料在高温压蒸溶解过程中，其中含有的一些具有一定水化活性的矿物会部分水化形成细小的多孔性的水化产物，从而使其颗粒之间的空隙较多。

2.4　赤泥的碱度

高碱性是赤泥被定义为有害材料的主要原因，赤泥溶液中的碱性阴离子主要有 OH^-、CO_3^{2-}/HCO_3^-、$Al(OH)_4^-/Al(OH)_3(aq)$ 和 $H_2SiO_4^{2-}/H_3SiO_4^-$ 等，这些阴离子大部分是拜耳过程中铝土矿中主要矿物溶解的产物。未处理赤泥的 pH 在 $9.2 \sim 12.8$ 之间。赤泥的高碱含量不仅使赤泥堆场植物无法生长，其内部及周围也寸草不生，严重危害环境，还使赤泥形成脆弱的表面，经过长时间的存放之后赤泥堤坝自身会溃烂、决堤。为了研究赤泥的碱度值，本节采用上海雷磁PHS-2F pH 酸度计分别对中国铝业河南分公司的拜耳法赤泥和烧结法赤泥进行pH 测定。测定结果见表 2-2。

表 2-2　赤泥 pH 测定

赤泥分类	赤泥样品			平均值
	1	2	3	
拜耳法赤泥	10.13	10.12	10.11	10.12
烧结法赤泥	10.70	10.68	10.72	10.70

从表 2-2 可以看出，中国铝业河南分公司的拜耳法赤泥和烧结法赤泥的 pH平均值分别为 10.12 和 10.70，均比较高。无论从赤泥的长期储存还是作为工业副产品再利用考虑，都需要对赤泥中碱的赋存状态、各类碱的含量以及有效的脱碱方法进行深入的研究。

2.5　赤泥的放射性

赤泥的化学组成和矿物组成因铝土矿的品位和氧化铝生产方法的不同而不同，除了含有 Fe_2O_3、Al_2O_3、SiO_2、TiO_2、Na_2O、K_2O 和 CaO 几种主要的氧化物外，还含有少量 Cr、Ni、Mn、Zn、Cu、Ga、As、Rb、Sr、Zr、Nb、Ba、Ce、Th、U 和稀土元素等。由于其含有放射性元素 U、Th 和 K，对赤泥作为再生资源利用时造成了一定的障碍，而 ^{238}U 衰变过程中会产生一种非常重要的中间产物 ^{226}Ra。为了研究赤泥的放射性水平以及对周围环境的潜在影响，采用 42-P11720A 型 HPGeγ 谱仪（GEM60），仪器的分辨率为 2.1keV，在 50～3000keV能量范围内，积分本底计数率为 120min^{-1}，根据 GB 6566—2010《建筑材料放射性核素限量》对赤泥样品进行放射性检测。

根据 GB 6566—2010《建筑材料放射性核素限量》，用于建筑主体材料中天然放射性核素比活度的具有最高限值，否则不可直接用于建筑材料。通常情况下，由于赤泥存放时间一般偏长，认为其中 ^{226}Ra 与其短半衰期子体、^{232}Th 与其子体达到放射性平衡。试验中通过测定其 γ 射线来确定它们的比活度。测定时间为 20000s。内照射指数 I_{Ra} 和外照射指数 I_r 的计算见式（2-1）和式（2-2）。

$$I_{Ra} = \frac{C_{Ra}}{200} \tag{2-1}$$

$$I_r = \frac{C_{Ra}}{370} + \frac{C_{Th}}{260} + \frac{C_K}{4200} \tag{2-2}$$

式中，C_{Ra}、C_{Th} 和 C_K 为建材中天然放射性核素 ^{226}Ra、^{232}Th 和 ^{40}K 的放射性比活度，单位为 Bq/kg。

当建筑主体材料中天然放射性核素 ^{226}Ra、^{232}Th 和 ^{40}K 的比活度同时满足 $I_{Ra} \leqslant 1$ 和 $I_r \leqslant 1$ 时，产品不受限制。烧结法赤泥和拜耳法赤泥的放射性检测结果见表 2-3。

表 2-3　赤泥放射性检测结果

检测内容	拜耳法赤泥	烧结法赤泥
^{226}Ra 放射性比活度（Bq/kg）	227.2	125.9
^{232}Th 放射性比活度（Bq/kg）	703.9	255.3
^{40}K 放射性比活度（Bq/kg）	181.3	<15
外照指数 I_r	3.4	1.32
内照指数 I_{Ra}	1.1	0.63

从表 2-3 中可以看出，拜耳法赤泥的放射性较高。拜耳法赤泥和烧结法赤泥的放射性均超出了国家对建筑主体材料的放射性要求，因此在赤泥的应用过程中需要研究其放射性变化规律和应用产品的放射性屏蔽技术，以满足材料的安全应用。

2.6　本章小结

赤泥是氧化铝冶炼工业生产过程中排出的固体粉状废弃物，随着氧化铝工业的发展，大量堆存的赤泥产生一系列的问题。本章通过对赤泥的理化特性进行研究，得出如下结论：

（1）拜耳法赤泥和烧结法赤泥的钙硅比分别为 0.69、2.04，钙铝比为 0.54、5.21，钙铁比为 0.81、2.66，铝铁比为 1.40、0.51。与水泥熟料的成分相比，两种赤泥用于水泥生产时均需要做适当的成分调整。拜耳法赤泥和烧结法赤泥中碱的总含量（$Na_2O + 0.658 K_2O$）分别为 7.87% 和 2.93%，在应用于水泥生产中时会严重影响水泥熟料质量，因此需要对赤泥进行脱碱研究。

（2）拜耳法赤泥的主要矿物组成为方解石（$CaCO_3$）、水化石榴石 [$Ca_3Al_2SiO_4(OH)_8$]、羟基方钠石 [$Na_8(AlSiO_4)_6(OH)_2(H_2O)_2$]、水铝矿 [$Al(OH)_3$]、赤铁矿（$Fe_2O_3$）和钾长石（$KAlSi_3O_8$）等。烧结法赤泥的主要矿物组成为方解石（$CaCO_3$）、钙钛矿（$CaTiO_3$）、铝酸钙（$Ca_3Al_2O_6$）、硅酸二钙（$Ca_2SiO_4$）和钙铁榴石 [$Ca_3Fe_2(SiO_4)_3$] 等。

（3）拜耳法赤泥粒度较细，分散性较好。而烧结法赤泥颗粒较粗，颗粒表面由于部分化合物的胶结作用而形成 $0.1 \sim 10 \mu m$ 的团聚体，颗粒之间的空隙较多。

（4）中国铝业河南分公司的拜耳法赤泥和烧结法赤泥的 pH 平均值分别为10.12 和 10.70，均比较高。无论从赤泥的长期储存还是作为工业副产品再利用考虑，都需要对赤泥中碱的赋存状态，各类碱的含量以及有效的脱碱方法进行深入的研究。

（5）拜耳法赤泥和烧结法赤泥的放射性均超出了国家对建筑主体材料的放射性要求，因此在赤泥的应用过程中需要研究其放射性变化规律和放射性屏蔽技术以满足材料的安全应用。

3 赤泥碱赋存状态及其脱碱工艺研究

赤泥作为生产水泥的生料时，赤泥中的碱（$Na_2O+0.658K_2O$）含量过高，不仅会造成赤泥道路硅酸盐水泥在煅烧过程中液相量过大、烧结温度范围变窄、损坏窑炉等问题，在水泥的应用过程中还会阻碍集料结构的形成，引起碱-集料反应等问题，因此不得不减少赤泥的掺量。但是，随着铝工业的发展，越来越多的赤泥产出，需要大量消纳赤泥的工业应用。因此，国内外的学者对赤泥脱碱进行了大量研究。但是，没有相关文献对赤泥中碱的赋存状态进行研究。本章通过化学分析、XRD、FTIR、XPS和固相核磁共振等方法研究赤泥碱赋存状态，并在赤泥碱赋存状态研究的基础上，研究赤泥中碱的高效脱除机制及碱脱除机理，为赤泥的资源化应用奠定理论基础。

3.1 试验原材料和试验方法

3.1.1 试验原材料

（1）赤泥

试验采用中国铝业河南分公司的拜耳法赤泥，其理化特性已在第2章作了分析，其中 Na_2O 含量为6.97，K_2O 的含量为1.37。

（2）化学试剂

CaO采用天津市北辰试剂公司生产的分析纯CaO，其中CaO含量不少于98%。

（3）工业石灰

本研究所用的工业石灰为新乡市源丰钙业有限公司生产的工业生石灰，其有效氧化钙含量为83%，该含量按照甘油-乙醇法测定水泥熟料中游离氧化钙的方法进行测定。

3.1.2 检测方法

（1）火焰光度计

赤泥碱赋存状态试验中碱是否脱除干净的评判标准为，对赤泥脱碱后的滤液利用上海精密科学仪器有限公司生产的 FP640 型火焰光度计测量滤液中 Na^+ 和 K^+ 来确定。

（2）化学分析

赤泥脱碱试验中脱碱前后赤泥中碱的总含量，均按照国家标准 GB/T 9723—2007《化学试剂　火焰原子吸收光谱法通则》，采用武汉理工大学材料研究与测试中心的 GBC-AVANTA-M 型原子吸收光谱仪进行测定。

（3）ICP 电感耦合等离子体检测

赤泥碱赋存状态试验中赤泥原样、水洗后赤泥和脱碱干净赤泥中 Na 和 K 的含量，采用的是武汉理工大学材料研究与测试中心的 X Series 型电感耦合等离子质谱仪进行检测分析。

（4）XRD X 射线衍射

赤泥原样、水洗后赤泥和脱碱干净赤泥的矿物组成分析，采用天津城建大学绿色墙体材料中心的 Uitima Ⅳ 型 X 射线衍射仪进行分析。仪器参数：Cu 靶 Ka 辐射，扫描角度为 $10°\sim80°$（2θ），加速电压为 40kV，电流为 25mA。

（5）XPS X 射线光电子能谱分析

XPS 分析的原理是用 X 射线照射样品，使原子或分子的内层电子或价电子受激发射出来。以光电子的动能/束缚能，即 $E_b = h_v$（光能量）$- E_k$（动能）$- W$（功函数）为横坐标，相对强度（脉冲/s）为纵坐标可做出光电子能谱图，获得试样有关信息。本章对赤泥原样以及脱碱干净赤泥的 XPS 分析采用的是四川大学分析测试中心的 AXIS Ultra DLD 型 X 射线光电子能谱仪。

（6）FT-IR 红外光谱分析

FT-IR 分析采用武汉理工大学材料研究与测试中心的 Nexus 智能型傅里叶变换红外光谱仪对赤泥原样和脱碱干净赤泥进行结构表征。红外光谱通过测量分子的振动和振动光谱来研究分子的结构和性能。

（7）固体核磁共振波谱分析

本章对赤泥原样以及脱碱干净赤泥中 Si 和 Al 元素的化学位移的分析采用南京工业大学的 AV400D 型核磁共振谱仪。技术指标及性能特点为：固相109Ag-31P、固相 NMR 是利用魔角旋转（MAS）、交叉极化（CP）等方式测定元素的化学位移，通过所测元素的化学位移变化得到所测元素所处的结构环境变化的技术。

3.1.3　试验方法

1. 拜耳赤泥碱赋存状态研究

拜耳法赤泥中的碱主要以钠碱为主，K^+、Na^+ 在干燥的赤泥中主要有两种赋存状态：一种是可溶性碱物质，这种碱组分可直接水洗出；另一种是不溶性的碱物质，其中部分 K^+、Na^+ 可以在浆体中通过离子交换被能力较强的 Ca^{2+}、Mg^{2+}、$NH4^+$ 等离子置换出，形成更稳定的不溶物或络合物，另外还有少量 K^+、Na^+ 吸附在晶格中而稳定存在，不易被置换出。为了研究赤泥中可水洗碱、可置换碱以及晶格碱的含量，以及这几种碱在赤泥中的赋存状态，我们进行了赤泥碱赋存状态试验研究。

本试验所用赤泥为第 2 章取的拜耳法赤泥样品，将赤泥烘干，磨细过 100 目（0.15mm）方孔筛。本次试验的液固比采用 3∶1，反应温度为 90℃，反应时间为 7h。

首先取拜耳法赤泥适量，用烘箱在 105℃进行烘干，即赤泥原样，命名为 1 号赤泥。取 200g 1 号赤泥加入锥形瓶中，以 3∶1 的液固比加入蒸馏水，放入恒温水浴振荡箱中在 90℃下振荡 7h，取下锥形瓶，抽滤，用火焰光度计测定滤液中 Na、K 含量，计算碱溶出率。滤饼烘干再加入锥形瓶中，反复进行此操作，直至滤液中检测不出 Na、K。滤饼烘干，即水洗干净赤泥，命名为 2 号赤泥。

随后取 2 号赤泥 100g，加入 5% 的 CaO 分析纯，以 3∶1 加入蒸馏水，放入恒温水浴振荡器在 90℃下振荡 7h，取下锥形瓶，抽滤，用火焰光度计测定滤液中 Na、K 含量，滤饼烘干再加入锥形瓶中，之后加入 5% 的 CaO 分析纯，反复重复上述操作，直至滤液中检测不出 Na、K，滤饼烘干即脱碱干净赤泥，命名为 3 号赤泥。

分别取 1 号、2 号和 3 号赤泥进行化学分析，利用 XRD、XPS、红外和固体核磁共振等分析方法分析赤泥中水洗碱，可脱除碱以及晶格碱的含量，赤泥中碱的赋存状态以及赤泥中碱的脱除机理。

2. 赤泥脱碱试验

本试验采用常压石灰法对赤泥进行脱碱试验研究，其原理是将 CaO 加入赤泥浆体中，CaO 水化后生成氢氧化钙，同时氢氧化钙水解出游离的 Ca^{2+}，随后 Ca^{2+} 通过离子交换置换出赤泥颗粒中的化学结合态的 K^+ 和 Na^+，整个过程的影响因素很多，如 CaO 掺量、液固比、温度和反应时间等。本试验采用工业石灰代替 CaO 进行研究。针对生石灰掺量、液固比、温度和反应时间对赤泥脱碱效率的影响进行了如下试验。

（1）生石灰掺量的影响：分别称取过 200 目的赤泥试样 30g 于 8 个碘瓶中，分别加入脱碱剂生石灰 0、4.0%、8.0%、12.0%、16.0%、20.0%、24.0%、28.0%，再分别加入等量蒸馏水（120mL），使液固比 L/S 为 4，恒温 60℃水浴条件下搅拌 120min，然后抽滤，将抽滤后所得赤泥于 110℃烘干后，使用荧光分析测定其钾、钠含量，记录数据并分析。

（2）液固比的影响：分别称取过 200 目的赤泥试样 30g 于 5 个碘瓶中，分别加入脱碱剂生石灰 20.0%，再分别加入蒸馏水 15mL、30mL、60mL、120mL、180mL，恒温 90℃ 水浴，搅拌 120min 然后抽滤，将抽滤后所得赤泥于 110℃ 烘干后磨细，使用荧光分析测定其钾、钠含量，记录数据并分析。

（3）温度的影响：分别称取过 200 目的赤泥试样 30g 于 4 个碘瓶中，分别加入脱碱剂生石灰 20.0%，再分别加入 120mL 蒸馏水，分别置于 25℃、60℃、90℃、100℃ 水浴中加热搅拌 120min 后抽滤，将抽滤后所得赤泥于 110℃ 烘干后磨细，使用荧光分析测定其钾、钠含量，记录数据并分析。

（4）反应时间的影响：分别称取过 200 目的赤泥试样 30g 于 5 个碘瓶中，分别加入脱碱剂生石灰 20.0%，再分别加入 120mL 蒸馏水，恒温 60℃ 水浴，分别搅拌 30min、60min、120min、180min、420min 然后抽滤，将抽滤后所得赤泥于 110℃ 烘干后磨细，使用荧光分析测定其钾、钠含量，记录数据并分析。

3. 赤泥碱回收试验研究

赤泥脱碱产生的碱性废液具有很强的碱性，碱性废液在环境中随意排放会对环境再次进行污染，而且废液中含有大量的 Na^+ 排放到环境中会影响植物的生长。如果能对脱碱后废液中的 Na^+ 进行回收，不仅可以减少环境污染，还可以实现废液中 Na^+ 的回收再利用。因此本试验主要研究对赤泥脱碱废液中的碱采用通入 CO_2 的方法进行的低成本回收。

取适量烘干赤泥再加入 20% 的工业生石灰，以 3:1 加入蒸馏水，放入恒温水浴 90℃ 下振荡 7h，取下锥形瓶，抽滤，蒸发浓缩滤液，在滤液中充入足量的 CO_2，待溶液降至室温，对溶液中析出的晶体进行抽滤，烘干（105℃）磨细，作化学分析和 XRD 分析。

3.2 赤泥碱赋存状态及脱碱机理分析

为了进一步研究赤泥中碱的赋存状态、各类碱的含量以及碱脱除机理，本节采用化学分析、X 射线光电子能谱、X 射线衍射、红外光谱和固体核磁共振等分析方法对脱碱前后赤泥的化学组成、Na 元素所处的化学状态、矿物组成、矿物分子结构的变化以及矿物中 Si—O 基团和 Al—O 基团的结合状态进行了分析。

3.2.1 脱碱前后赤泥 ICP 分析

赤泥原样 1 号，水洗干净赤泥 2 号和脱碱干净赤泥 3 号含碱的 ICP 分析如表 3-1 和图 3-1 所示。从表中可以计算出，赤泥中含有的可水洗 Na 和 K 的含量分别为 13.71% 和 4.45%，脱碱剂 CaO 中可脱除 Na 和 K 含量分别为 83.09% 和 50.76%，不可脱除 Na 和 K 的含量分别为 3.2% 和 44.77%。

水洗碱含量 C_W、脱除碱含量 C_R 和不可脱除碱含量 C_L 的计算方法如下：

$$C_W = \frac{C_1 - C_2}{C_1} \times 100\% \qquad (3-1)$$

$$C_R = \frac{C_2 - C_3}{C_2} \times 100\% \qquad (3-2)$$

$$C_L = \frac{C_3}{C_1} \times 100\% \qquad (3-3)$$

式中，C_1 为赤泥原样 1 号中 Na 或 K 元素的浓度，C_2 为水洗赤泥 2 号中 Na 或 K 元素的浓度，C_3 为脱碱干净的赤泥 3 号中 Na 或 K 元素的浓度。

表 3-1　赤泥中的碱含量　　　　　　　　　　　　　质量分数，%

试样	Na	K
1 号	3.843	0.918
2 号	3.316	0.877
3 号	0.123	0.411

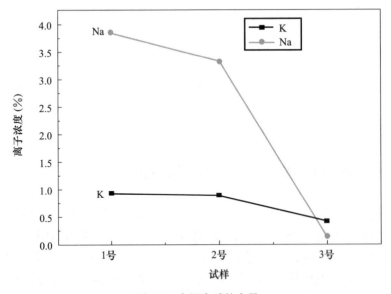

图 3-1　赤泥中碱的含量

3.2.2　脱碱前后赤泥 XRD 分析

　　图 3-2 为 1 号、2 号和 3 号赤泥的 XRD 图谱。从图 3-2 可以看出，水洗前后赤泥的 XRD 图谱矿物组成基本没有变化，说明赤泥中可以水洗掉的碱为附着碱，

不参与赤泥的矿物组成。通过脱碱干净的赤泥与未脱碱的赤泥的图谱对比可以看出，羟基方钠石 $Na_8(AlSiO_4)_6(OH)_2(H_2O)_2$ 的特征峰变得十分微弱，钾长石 $KAlSi_3O_8$ 的特征峰明显减弱，水化石榴石 $Ca_3Al_2SiO_4(OH)_8$ 的特征峰明显增多增强。也就是说，在脱碱过程中，脱碱剂 CaO 中的 Ca^{2+} 取代了羟基方钠石 $Na_8(AlSiO_4)_6(OH)_2(H_2O)_2$ 中的大部分 Na^+，以及 $KAlSi_3O_8$ 中的大部分 K^+，转化为了水化石榴石 $Ca_3Al_2SiO_4(OH)_8$。这就说明了 Na 在赤泥中的赋存状态主要是存在于羟基方钠石中，K 主要赋存在钾长石中。

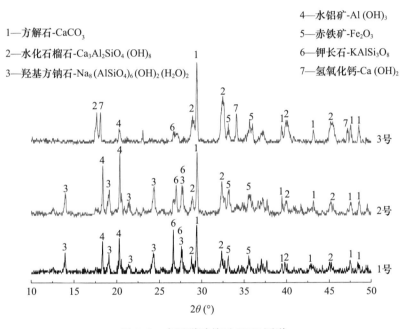

1—方解石-$CaCO_3$
2—水化石榴石-$Ca_3Al_2SiO_4(OH)_8$
3—羟基方钠石-$Na_8(AlSiO_4)_6(OH)_2(H_2O)_2$
4—水铝矿-$Al(OH)_3$
5—赤铁矿-Fe_2O_3
6—钾长石-$KAlSi_3O_8$
7—氢氧化钙-$Ca(OH)_2$

图 3-2　赤泥脱碱前后 XRD 图谱

3.2.3　脱碱前后赤泥 X 射线光电子能谱（XPS）分析

　　XPS 分析是借助 X 射线光电子能谱仪得到结合能，进而通过结合能鉴别出物质的原子或离子组成的分析方法。为了进一步确定 Na 和 K 元素在赤泥中的赋存状态，脱碱前后赤泥的全扫描 XPS 测量谱如图 3-3 所示。从图中可以看出，赤泥原样 1 号中在 1070.5eV 处出现了明显的 Na 峰，脱碱之后的赤泥 3 号谱图中没有出现明显的 Na 峰，但是 Ca 在 437.5eV 和 345.5eV 处的峰明显增强。这说明脱碱之后赤泥中的 Na 元素含量极低，Ca 元素含量增加。根据 XPS 分析手册查得，电子结合能为 1070.5eV 的 Na1s 对应的矿物为羟基方钠石，也就是说赤泥原样中 Na 元素主要在羟基方钠石中赋存。这与 XRD 测定的结果是一致的。

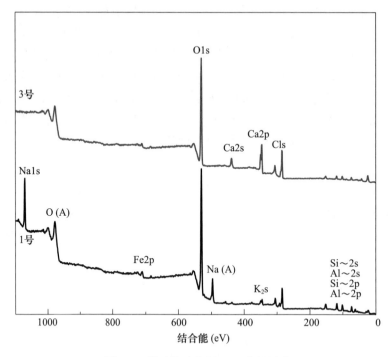

图 3-3 脱碱前后赤泥 XPS 分析图谱

3.2.4 脱碱前后赤泥红外光谱分析

红外光谱分析是通过研究物质分子中阴离子基团的振动频率变化来研究物质结构变化的分析方法，分子在红外光谱中的振动类型分为改变键长的伸缩振动和改变键角的弯曲振动，红外光谱不仅能反应分子中振动能级的变化，也能反应分子结构的变化，可以通过红外光谱的变化来鉴定分子结构和化学键的变化。未脱碱赤泥 1 号和脱碱干净赤泥 3 号的红外分析图谱如图 3-4 所示。从图中可以看出，3416.4cm^{-1} 处的吸收峰为 O—H 基团的伸缩振动，1638.07cm^{-1} 和 1617.24cm^{-1} 为 O—H 基团的弯曲振动；1429.87cm^{-1} 和 874.7cm^{-1} 处的吸收峰分别为 C—O 基团的伸缩振动和弯曲振动；1003.35cm^{-1} 和 937.16cm^{-1} 处的吸收峰分别为 Si—O 基团的伸缩振动，558.98cm^{-1} 处的吸收峰为 Si—O 基团的弯曲振动；1113.92cm^{-1} 和 621.18cm^{-1} 处的吸收峰分别为 S—O 基团的伸缩振动和弯曲振动。

相对未脱碱的赤泥 1 号，脱碱后的赤泥 3 号，在 3416.4cm^{-1} 处的吸收峰减弱，说明赤泥中的羟基方钠石 $Na_8(AlSiO_4)_8(OH)_2(H_2O)_2$ 发生解聚反应；1429.87cm^{-1} 和 874.7cm^{-1} 处的吸收峰 C—O 伸缩振动明显增强，说明脱碱后赤泥中的 C—O 发生聚合，这是由于在赤泥脱碱过程中加入的 CaO 有部分未参加反应，与水和空气中的 CO_2 反应生成了 $CaCO_3$，脱碱后赤泥中 $CaCO_3$ 的含量增加；$1003.35cm^{-1}$ 处吸收峰的减弱说明赤泥的脱碱过程中发生了 Si—O 键的解聚反应，$937.16cm^{-1}$ 处的吸收峰增强又说明了在这个过程中发生了 Si—O 键的聚合反应，在 $558.98cm^{-1}$ 处吸收峰的增强说明经过脱碱处理 Si—O 基团结构更加稳定，也就是说在赤泥的脱碱过程中 Si—O 基团不仅发生了网络重组，结构还更加稳定，具体情况还需进行核磁共振分析进一步确定。

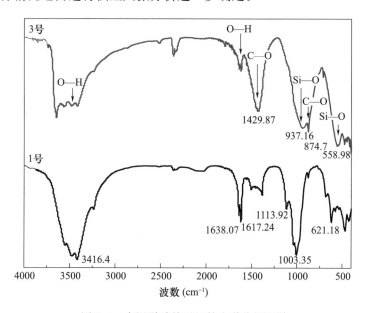

图 3-4　赤泥脱碱前后红外光谱分析图谱

3.2.5　脱碱前后赤泥固体核磁共振波谱（NMR）分析

通过红外光谱分析发现在赤泥脱碱过程中，其 Si—O 网络结构可能发生了解聚，之后重新组合成新的网络结构。为了进一步验证这个发现，并对解聚组合结构进行鉴别，我们采用固体核磁共振技术对脱碱前后赤泥的 $^{29}Si/^{27}Al$ NM 的化学位移及其网络结构变化进行了分析。

NMR 固体核磁共振波谱分析主要通过化学位移来确定硅氧-铝氧多面体的聚合度，进而描述物质结构，原子邻近的配位数越高，屏蔽常数 δ 就越大，电子云密度越大，共振频率降低，化学位移向负值方向移动。在无机矿物中，Si 原子主要以硅氧四面体形式存在，以 $Q^n (mAl)$ 表示硅氧四面体的聚合状态，n 为四面体的桥氧个数，m 表示与硅氧四面体连接的铝氧四面体的个数，Q^0 代表的是孤岛状的硅氧四面体 $[SiO_4]^{4-}$，峰位位于 $-68\times10^{-6}\sim-76\times10^{-6}$，$Q^1$ 代表两个硅氧四面体相连的短链，峰位位于 $-76\times10^{-6}\sim-82\times10^{-6}$，$Q^2$ 表示有三个孤岛状四面体两个桥氧的长链，峰位位于 $-82\times10^{-6}\sim-88\times10^{-6}$，$Q^3$ 表示有四个硅氧四面体三个桥氧的长链，有可能是直链或是支链或是层状结构，峰位位于 $-88\times10^{-6}\sim-98\times10^{-6}$，$Q^4$ 表示有四个硅氧四面体组成的三维网络结构，峰位位于 $-98\times10^{-6}\sim-129\times10^{-6}$。四配位的 ^{29}Si 的化学位移值在 $-68\times10^{-6}\sim-129\times10^{-6}$ 之间，六配位的 ^{29}Si 的化学位移值在 $-170\times10^{-6}\sim-220\times10^{-6}$ 之间，四配位的 ^{27}Al 的化学位移值在 $+50\times10^{-6}\sim+85\times10^{-6}$ 之间，六配位的 ^{27}Al 的化学位移值在 $+15\times10^{-6}\sim-10\times10^{-6}$ 之间。图 3-5 为铝硅酸盐中 Q^4（mAl）结构单元中 ^{29}Si NMR 的化学位移范围。

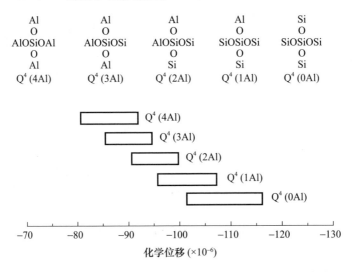

图 3-5　铝硅酸盐中 Q^4（mAl）结构单元中 ^{29}Si NMR 的化学位移范围

　　图 3-6 为赤泥脱碱前后的 ^{29}Si NMR 图谱。由图 3-2 的 XRD 分析结果可知，赤泥原样和脱碱赤泥中的 Si—O 四面体主要存在于羟基方钠石、钾长石和水化石榴石中，其中羟基方钠石和钾长石中的 Si—O 四面体主要是架状结构，水化石榴石中的 Si—O 四面体主要为岛状结构。从图 3-6 中可以看出，赤泥原样中有 -82.98×10^{-6} 和 -121.96×10^{-6} 两个谱峰，说明其中 ^{29}Si 为四配位的，82.98×10^{-6} 对应 ^{29}Si 的结构环境是 Q^4（4Al），-121.96×10^{-6} 对应 ^{29}Si 的结构环境是 Q^4，并且化学位移 -82.98×10^{-6} 处的谱峰峰宽和峰高均较大，说明赤泥原样中的 ^{29}Si 的结构环境主要是架状 Q^4（4Al）。脱碱后赤泥中 ^{29}Si 的化学位移为 -75.41×10^{-6} 和 -114.34×10^{-6}，其中 -75.41×10^{-6} 化学位移处 ^{29}Si 的结构环境是 Q^0，即说明 Si—O 四面体为岛状结构，-114.34×10^{-6} 化学位移处 ^{29}Si 的结构环境是 Q^4（0Al），并且在 -75.41×10^{-6} 化学位移处的谱峰峰宽和峰高均较大，说明脱碱后赤泥中 Si—O 四面体的结构环境主要是孤岛状 Q^4。也就是说，在脱碱过程赤泥原样中羟基方钠石和钾长石中的架状 Q^4（4Al）和 Q^4 型硅氧四面体，加入 Ca^{2+} 离子通过置换 Si—

O—Al、Si—O—K 和 Si—O—Na 结构中的 Al^{3+}、K^+ 和 Na^+，使硅氧四面体发生解聚重组反应，形成水化石榴石中孤岛状 Q^0 硅氧四面体结构。

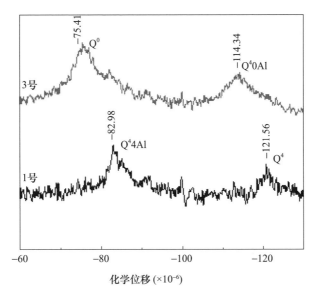

图 3-6 脱碱前后赤泥 ^{29} Si NMR 图谱

图 3-7 为铝酸盐和铝硅酸盐的 ^{27} Al NMR 化学位移值。图 3-8 为赤泥脱碱前后 ^{27} Al NMR 图谱。从图 3-7 中可以看出，脱碱前后赤泥的 ^{27} Al NMR 图谱差别很大，未脱碱赤泥中 Al^{3+} 主要是四配位的，其中铝硅酸盐的主要存在形式为 Al [OSi]$_3$ 和（AlO）$_4$ 以及少量的（AlO）$_n$，而脱碱后赤泥中 Al^{3+} 主要是六配位

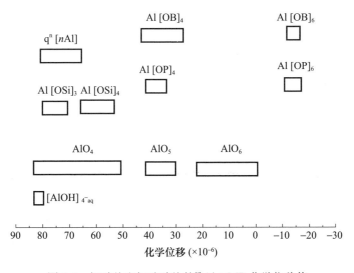

图 3-7 铝酸盐和铝硅酸盐的 ^{27} Al NMR 化学位移值

的,其中铝硅酸盐的主要存在形式为(AlO)$_n$。这与图 3-6 中未脱碱赤泥中^{29}Si 的结构环境主要是架状 Q^4（4Al）和未与 Al 桥接的 Q^4 型硅氧四面体,脱碱之后的赤泥中只有 Q^0 和 Q^4（0Al）型没有与 Al 桥接硅氧四面体的结论是一致的。这是因为在脱碱的过程中加入的 Ca^{2+} 是一种网络结构校正离子,在一定的环境中 Ca^{2+} 可以打开 Si—O 和 Al—O 键,改变 Si 和 Al 的配位状态。

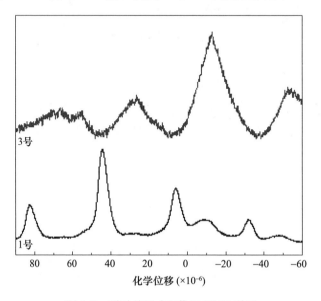

图 3-8　脱碱前后赤泥^{27}Al NMR 谱图

3.2.6　赤泥脱碱机理分析

羟基方钠石和钾长石的晶格骨架主要是架状 Si—O 四面体,Si—O 四面体主要是一个 Si 和它周围的 4 个氧按照四面体的形状排列而成的,硅氧四面体中的硅可以被铝替换形成铝氧四面体［AlO_4］,架状硅氧骨架内部空隙较大,特别是当 Al^{3+} 取代硅氧四面体中部分的 Si^{4+} 后,硅氧骨架带负电荷,在骨架空隙中可以引入半径较大的金属离子,如 K^+、Na^+ 和 Ca^{2+} 等,成为密度较小的轻硅酸盐或铝硅酸盐。羟基方钠石的结构可以描述为体心立方排列的方钠石笼（SOD 或 β 笼）通过单四或单六元环连接而成,一个 SOD 笼由六个四元环和八个六元环组成。SOD 结构如图 3-9 所示。羟基方钠石为在氧化铝生产的脱硅过程中,［$Al(OH)_4$］$^-$ 离子嵌入羟基方钠石的 SOD 结构中产生的。

赤泥中的 Na^+ 以 Na—O—Si 或者是 Na—O—Al 的形式存在于羟基方钠石硅氧骨架的空隙中,K^+ 以 K—O—Si 或者是 K—O—Al 的形式存在于钾长石中硅氧骨架的空隙中。赤泥脱碱过程中添加的 Ca^{2+} 可以进入羟基方钠石和钾长石硅质骨架的内部空隙,进而取代 Si—O 骨架上的 Al^{3+} 和骨架空隙中的 Na^+、K^+。

发生置换反应，改变硅氧四面体网络结构，导致羟基方钠石和钾长石中的架状硅氧四面体解体，形成水化石榴石中的孤岛状硅氧四面体。由于 Ca^{2+} 取代 Na^+ 和 K^+ 的能力有限，被取代的 Na^+ 和 K^+ 不能完全从二氧化硅骨架中逸出，导致赤泥中的 Na^+ 和 K^+ 只能部分脱除。同时，K^+ 的离子半径大于 Na^+，被取代的 K^+ 更不容易从 Si—O 骨架中逸出，导致 CaO 可以去除赤泥中 83.09% 的 Na，但只能去除赤泥中 50.76% 的 K。

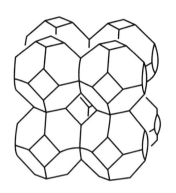

图 3-9　SOD 结构示意

3.3　外界因素对赤泥碱溶出率的影响

赤泥中碱溶出率是对脱碱前后赤泥按照国家标准 GB/T 9723—2007《化学试剂　火焰原子吸收光谱法通则》采用原子吸收光谱仪进行测定，参照式（3-4）。

$$赤泥碱溶出率 = \frac{脱碱后赤泥中碱含量（Na_2O + 0.658K_2O）}{7.87} \times 100\% \quad (3-4)$$

式中，7.87 为表 2-1 中所示的赤泥原样中总碱（$Na_2O + 0.658K_2O$）的百分含量。

3.3.1　生石灰掺量对碱溶出率的影响

生石灰掺量对拜耳法赤泥碱溶出率的影响如图 3-10 所示。从图 3-10 可以看出，当工业石灰加入量较少时，对拜耳法赤泥的脱碱效果并不明显。如加入量为 4.0% 和 8.0% 时，脱碱后的赤泥与未进行脱碱的赤泥相比，其所含碱的总量变化不大，这是因为拜耳法赤泥中所含 Al^{3+} 浓度较高，加入工业生石灰后，在 Ca^{2+} 与 Na^+ 发生置换反应前，会首先与浆体中的 Al^{3+} 发生反应，生成 $3CaO \cdot Al_2O_3 \cdot 6H_2O$，多余的 Ca^{2+} 会继续与羟基方钠石和钾长石等发生离子反应，这就造成了当工业石灰掺量较小时，其脱碱效果并不明显。随着工业石灰掺量的继续增大，赤泥脱碱效率明显提高，当工业石灰掺量为 20% 时，赤泥中碱性氧化物的总溶出率达到

37.57%，说明随着工业石灰加入量的增加，溶液中有足够的 Ca^{2+} 与 Na^+、K^+ 发生了置换反应，使 Na^+ 和 K^+ 从赤泥中脱离出来。进一步增大工业石灰掺量，赤泥脱碱效率逐渐变缓，说明 Ca^{2+} 与 Na^+ 和 K^+ 的置换反应逐渐达到了平衡。

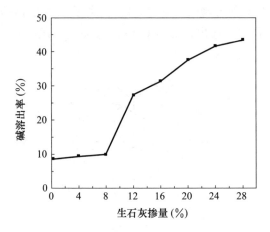

图 3-10　生石灰掺量对拜耳法赤泥碱溶出率的影响

3.3.2　液固比对碱溶出率的影响

液固比对赤泥碱溶出率的影响如图 3-11 所示。当液固比从 0.5 增长到 8 时，从赤泥中脱出的碱性氧化物总量变化不大，脱碱效率在 42.47% 左右，这说明液固比对碱溶出率的影响不大。这是因为随着液固比的增加，浆体黏度下降，从动力学角度看，有利于反应物组分的扩散，但同时由于反应物离子浓度的降低，使氢氧化钙与羟基方钠石和钾长石等矿物的接触减少，从而使 Ca^{2+} 与 Na^+ 的置换反应速率下降，这两方面原因的综合作用导致了液固比对赤泥碱溶出率影响不大。

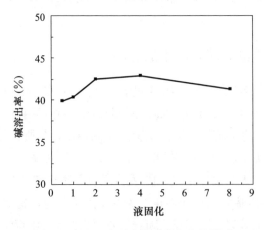

图 3-11　液固比对赤泥碱溶出率的影响

3.3.3　温度对碱溶出率的影响

温度对碱溶出率的影响如图 3-12 所示。当反应温度为 25℃时，赤泥的碱溶出率很低，仅有 31.18%。随着反应温度的逐渐升高，其脱碱效率也逐渐提升，当反应温度达到 100℃时，赤泥的碱溶出率得到大幅提高，达到了 61.69%。在 60℃以上，随着温度的升高，赤泥碱溶出率增加的程度越来越小。这是因为当反应温度比较低时，参与反应的各离子活性不高，能够达到反应所需能量的离子并不多，随着反应温度的继续升高，钙离子和钠钾离子的活性得以提升，这就为钙离子与钠钾离子发生置换反应提供了良好的条件，也符合动力学的要求；同时，随着温度的提升，参与反应的胶体离子扩散加快，有利于发生反应的离子充分接触，使离子的交换速率加快，进而使赤泥的脱碱效率得以大幅提升。随着反应温度的继续升高，发生反应所需的吉布斯自由能不断增大，导致反应速度的增加会变慢。

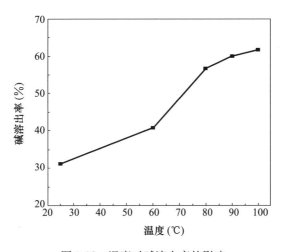

图 3-12　温度对碱溶出率的影响

3.3.4　反应时间对碱溶出率的影响

反应时间对赤泥中碱溶出率的影响如图 3-13 所示。由图 3-13 可知，当反应时间为 0.5h 时，拜耳法赤泥中碱性氧化物的溶出率仅有 36.59%，随着反应时间的延长，赤泥中碱性氧化物的溶出率明显得到提升，当反应时间为 7h 时，其溶出率达到 57.38%。但是反应时间从 7h 增加到 10h 时，碱溶出率的增加并不明显，这是因为适当增加反应时间，会使 Ca^{2+} 能充分与 Na^+ 和 K^+ 发生置换反应，在一定的时间内这个反应会逐渐达到饱和，达到饱和后反应时间的增加不能提高赤泥的碱溶出率。

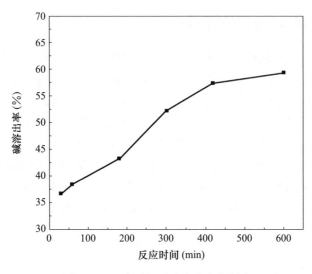

图 3-13　反应时间对碱溶出率的影响

3.4　赤泥碱回收结果分析

对赤泥脱碱后的滤液通入足够的 CO_2 后进行抽滤，所得滤渣的照片如图3-14所示。滤渣的化学分析和 XRD 分析结果如图 3-14 和表 3-2 所示。烘干后滤渣称重为 10.8642g。从图 3-14 中可以看出，赤泥回收碱为白色晶体，颗粒较细。从图 3-15 可以看出，赤泥回收碱的主要晶相为 $Na_2CO_3 \cdot 3H_2O$ 与碳钠铝石（也称片钠石）$NaAlCO_3(OH)_2$。

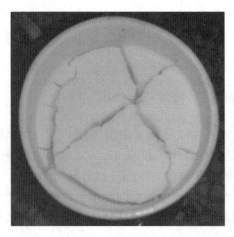
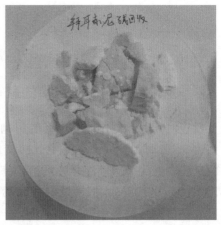

图 3-14　碱回收滤渣

表 3-2　回收碱氧化物成分 质量分数，%

成分	CO_2	Na_2O	MgO	Al_2O_3	SiO_2	SO_3	K_2O	CaO	TiO_2	Fe_2O_3
含量	34.957	43.061	0.1648	15.78	1.4298	1.2099	2.5153	0.5267	0.0132	0.0401

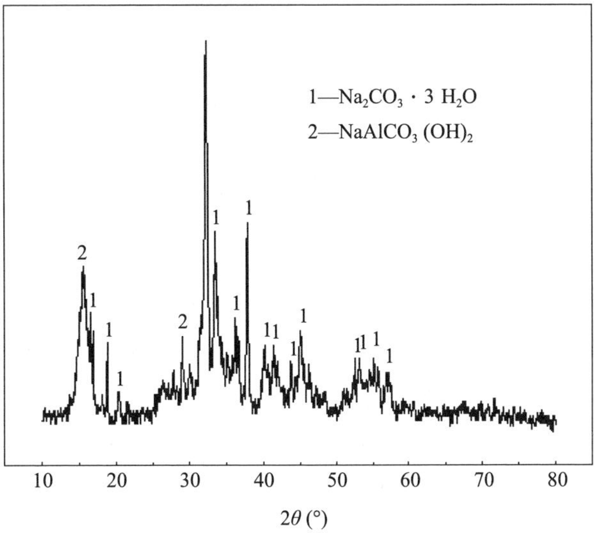

图 3-15　回收碱 XRD 分析

结合表 3-2 化学分析结果可以计算出 $Na_2CO_3 \cdot 3H_2O$ 和 $NaAlCO_3(OH)_2$ 的相对含量，结果是 $Na_2CO_3 \cdot 3H_2O$ 的含量约为 83.7%；$NaAlCO_3(OH)_2$ 的含量约为 16.3%。将这两种物质转化为 Na_2O，计算出回收 Na_2O 为 3.9048g。未脱碱赤泥 100g 中含有 Na_2O 为 6.97g，回收碱占赤泥中 Na_2O 含量的 56%。所以说，掺加 20% 的生石灰对赤泥进行一次脱碱，通过简单的通入 CO_2 的方法，即可回收赤泥中 56% 的碱。

3.5　本章小结

为了研究赤泥碱脱除工艺、赤泥中碱的赋存状态、碱脱除机理以及验证工业回收碱的可行性，为赤泥在水泥制备中的应用奠定理论基础，本章分别就外界因素对赤泥脱碱的影响、赤泥中碱的赋存状态以及赤泥脱碱过程中碱的回收进行了研究，得出如下结论：

（1）赤泥中的 Na^+ 以 Na—O—Si 或者是 Na—O—Al 的形式存在于羟基方钠石硅氧骨架的空隙中，K^+ 以 K—O—Si 或者是 K—O—Al 的形式存在于钾长石中硅氧骨架的较大空隙中。

（2）赤泥碱脱除机理：赤泥中的 Na^+ 以 Na—O—Si 或者是 Na—O—Al 的形式存在于羟基方钠石硅氧骨架的空隙中，K^+ 以 K—O—Si 或者是 K—O—Al 的形式存在于钾长石中硅氧骨架的空隙中。赤泥脱碱过程中添加的 Ca^{2+} 可以进入羟基方钠石和钾长石硅质骨架的内部空隙，进而取代 Si—O 骨架上的 Al^{3+} 和骨架空隙中的 Na^+、K^+。发生置换反应，改变硅氧四面体网络结构，导致羟基方钠石和钾长石中的架状硅氧四面体解体，形成水化石榴石中的孤岛状硅氧四面体。由于 Ca^{2+} 取代 Na^+ 和 K^+ 的能力有限，被取代的 Na^+ 和 K^+ 不能完全从二氧化硅骨架中逸出，导致赤泥中的 Na^+ 和 K^+ 只能部分脱除。同时，K^+ 的半径大于 Na^+，被取代的 K^+ 更不容易从 Si—O 骨架中逸出，导致 CaO 可以去除赤泥中 83.09% 的 Na，但只能去除赤泥中 50.76% 的 K。

（3）脱碱剂生石灰掺量在 8% 以下时，由于拜耳法赤泥浆体中 Al^{3+} 含量较高，加入的 Ca^{2+} 首先与 Al^{3+} 发生反应，多余的 Ca^{2+} 后续会与 Na^+ 和 K^+ 发生反应，但这对赤泥的碱溶出量起不到促进作用，当掺量在 8% 以上时，随着生石灰掺量的增加，赤泥的碱溶出率逐渐增加；液固比的增加造成的液相浓度增加与反应物离子浓度降低的双重作用，导致液固比对赤泥碱溶出率的影响不大；赤泥的碱溶出率随着温度的升高而升高；赤泥的碱溶出率随着反应时间的延长逐渐增大，反应时间超过 7h 以后反应逐渐达到平衡，反应时间继续增加时赤泥碱溶出率增加并不明显。

（4）赤泥回收碱的主要晶相为 $Na_2CO_3 \cdot 3H_2O$ 与碳钠铝石，掺加 20% 的生石灰对赤泥进行一次脱碱，通过简单的通入 CO_2 的方法，即可回收赤泥中 56% 的碱。

4 赤泥普通硅酸盐水泥制备及其性能研究

随着铝工业的发展，全球赤泥的排放量日益增大，大量储存的赤泥不仅占用大量土地，也产生了一系列的环境问题。赤泥的回收利用已经成为全球研究的热点问题之一。我国赤泥主要应用在化工、环境、冶金和建筑等方面。从组成上来看，赤泥中含有大量的 SiO_2、Al_2O_3、Fe_2O_3、CaO 以及硅酸盐矿物等，可以作为生产水泥的原料，与石灰石、砂岩、黏土等混合配制生料。赤泥的添加对降低能耗、提高水泥的早期强度和抗硫酸盐侵蚀能力有一定的贡献。本章主要研究利用脱碱拜耳赤泥制备普通硅酸盐水泥，并研究其物理力学性能和放射性，以评估其安全使用性能。

4.1 原材料

4.1.1 赤泥

赤泥选用第 2 章介绍的拜耳法赤泥，由于赤泥的碱含量过高（$Na_2O+0.658K_2O$ 含量为 7.87%），远远大于硅酸盐水泥中关于碱含量的要求，严重影响赤泥作为水泥生料时的掺量。首先需要对赤泥进行脱碱处理，脱碱剂采用新乡市源丰钙业有限公司生产的工业生石灰，其有效氧化钙含量为 83%。赤泥脱碱工艺参数参照本书第 3 章 3.1.3 节（2. 赤泥脱碱试验）得出的结果，设计为纯 CaO 掺量为 10%，液固比为 3:1，反应温度为 90℃，反应时间为 7h。赤泥脱碱装置采用的是实验室自主设计的大容量脱碱装置，一次可以容纳 100kg 的赤泥进行脱碱反应。

赤泥脱碱装置示意如图 4-1 所示。赤泥脱碱过程为：将与工业石灰按比例混合好的赤泥通过进料口 3 加入到 100℃的水中，不断搅拌反应 7h 后，将赤泥泥浆通过卸料口直接卸到反应装置 18 中，通过真空抽滤过滤后，将赤泥滤渣转移至反应装置 9 中烘干，而滤液则通过水泵进入反应装置 25 中进行碱回收，回收后的浓碱液通过水管转移至反应装置 27 中回收碱，分离出的碱含有较少的水，则通过水管 21 进入反应装置 7 中重复利用。脱碱后的赤泥按照 JC/T 850—2021《水泥用铁质原料化学分析方法》进行化学全分析。脱碱赤泥化学分析结果见表 4-1。

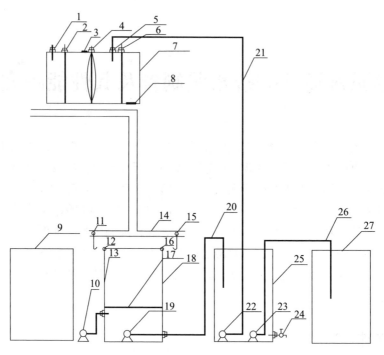

图 4-1　赤泥脱碱装置示意

1—自来水进水口；2、6—环形加热棒；3—赤泥进料口；4—搅拌装置；5—循环水进水口；

7—封闭不锈钢反应装置；8—出料口；9、18、25、27—敞口不锈钢反应装置；

10—循环水真空泵；11、15—挂钩；12、16—挂钩环；13、17—可移动滤网；14—挂钩轨道；

19、22、23—水泵；20、21、26—水管；24—水龙头

表 4-1　原材料的化学分析结果　　　　　　　　　　　　　　　　质量分数,%

原材料	SiO$_2$	Al$_2$O$_3$	Fe$_2$O$_3$	CaO	MgO	TiO$_2$	K$_2$O	Na$_2$O	SO$_3$	BaO	CO$_2$	B$_2$O$_3$	烧失量
脱碱赤泥	12.86	14.75	15.76	26.61	0.72	—	0.51	2.38	0.00	—	—	—	23.26
石灰石	4.47	1.71	0.73	55.35	1.37	—	0.64	0.07	0.18	—	—	—	35.18
砂岩	89.37	2.55	2.27	0.59	0.23	0.09	0.77	0.03	0.02	—	—	—	3.79
粉煤灰	52.37	28.80	5.56	2.89	2.02	—	0.54	1.45	0.00	—	—	—	3.69
黏土	67.31	14.50	5.55	1.95	1.77	—	1.23	1.11	0.00	—	—	—	4.87
石膏	2.95	1.22	0.66	34.56	1.19	0.07	0.23	0.36	43.14	—	—	—	

4.1.2　其他原料

石灰石、黏土、砂岩和石膏均取自天瑞集团郑州水泥有限公司。此外，对于水泥烧制过程中煤灰的成分，本章试验根据天瑞集团水泥有限公司生产运行的实际情况采用添加粉煤灰作为煤灰的替代成分。粉煤灰为取自开封火电厂一级粉煤

灰。为了掌握这些原料的化学组成，根据国家标准 GB/T 5762—2012《建材用石灰石、生石灰和熟石灰化学分析方法》对石灰石进行化学分析；对黏土和砂岩分别根据国家标准 GB/T 16399—2021《黏土化学分析方法》和 JC/T 874—2021《水泥用硅质原料化学分析方法》进行化学全分析；对粉煤灰采用国家标准 GB/T 1596—2017《用于水泥和混凝土中的粉煤灰》进行化学全分析；石膏是采用国家标准 GB/T 21371—2019《用于水泥中的工业副产石膏》进行化学全分析。其中石灰石、黏土、砂岩、粉煤灰和脱碱赤泥中的 K_2O 和 Na_2O 含量则是按照国家标准 GB/T 9723—2007《化学试剂　火焰原子吸收光谱法通则》，采用武汉理工大学材料研究与测试中心的 GBC-AVANTA-M 型原子吸收光谱仪进行测定。铁粉为天津市北辰试剂公司生产的分析纯 Fe_2O_3。原材料化学分析结果见表 4-1。

4.2　试验和检测方法

根据表 4-1 所示，脱碱后赤泥组成与水泥生料组成相似，特别是赤泥的铁、铝含量都比较高，理论上可以作为铁质和铝质原料配料，同时考虑到要尽可能多地消耗赤泥，赤泥普通硅酸盐水泥配制采用 3 组分配料，即石灰石、脱碱拜耳赤泥、砂岩。粉煤灰作为代替实际生产中煤灰的成分掺入。

4.2.1　配料方案

根据常规水泥生产的配料和煅烧工艺要求，结合脱碱赤泥的化学成分特点，以生料易烧性和熟料矿物质量为指标，找出脱碱赤泥的优化配料方案。结合石灰石、脱碱赤泥、砂岩这三种原料的化学组成特点，参照一般水泥三率值调整范围进行配料，根据天瑞集团水泥有限公司生产运行的实际情况。采用石灰饱和系数（KH）0.90，硅率（n）1.75～2.27，铝率（p）1.39～1.56。在最大赤泥配入量的前提下，按照脱碱赤泥配入比分别为 10%、12% 和 15%（干重质量分数），确定 3 个赤泥配入试样配方与一个空白试样配方，对赤泥普通硅酸盐水泥进行实验室煅烧及相关性能研究。空白对照样根据天瑞集团郑州水泥有限公司的生产实际情况确定。具体配料方案及相关率值见表 4-2。

表 4-2　各配料方案及理论熟料率值

试样	原料配比（%）						理论熟料率值		
	石灰石	脱碱赤泥	砂岩	黏土	粉煤灰	铁粉	KH	SM	IM
B1	79.11	10.00	9.10	0.00	1.79	0.00	0.90	2.27	1.56
B2	77.71	12.00	8.50	0.00	1.79	0.00	0.90	2.03	1.48
B3	75.51	15.00	7.70	0.00	1.79	0.00	0.90	1.75	1.39
KBB	83.90	0.00	0.00	13.21	1.79	1.10	0.90	2.17	1.60

4.2.2 煅烧工艺参数

各组配方首先进行压片处理，取混合好的生料 150g，加入生料质量 8%～10% 的自来水，混合均匀后，在 100MPa 的轴向压力下，压制成 ϕ80mm×8mm 的生料片。然后将压好的生料片放入温度设置为 110℃ 的烘箱中烘干 12h。将烘干试块放入 SLQ1600-30 型高温电炉中煅烧，升温速率设置为 6℃/min，煅烧至 1450℃，在 800℃ 和 1450℃ 分别保温 30min，取出熟料急冷。对烧成的各组熟料掺加 5% 的无水石膏，在 SM-500 型球磨机中磨细至 45μm 方孔筛的筛余为 10% 以下，80μm 方孔筛的筛余为 3% 以下，制成赤泥普通硅酸盐水泥。

4.2.3 检测分析方法

（1）f-CaO 测定

将烧成熟料在 DF-4 电磁式矿石粉碎机中磨细至 45μm 的方孔筛筛余 10% 以下，80μm 的方孔筛筛余小于 3%，然后采用甘油-乙醇法进行熟料游离氧化钙含量测定。

（2）化学分析

对烧成各组熟料采用武汉理工大学材料测试与分析中心的 PANalytical B. V. 型 X 射线荧光光谱仪进行测定。

（3）水泥熟料矿物组成测定

取（1）中经过磨细后的水泥熟料，采用 Rigaku UItima Ⅳ 型 X 射线荧光光谱仪对各组熟料进行矿物组成分析。

（4）水泥熟料岩相分析

取部分熟料经过打磨抛光，用 1% 的硝酸酒精溶液进行侵蚀，快速吹干后，在 VHX-600 型超景深三维显示仪下进行熟料的岩相分析。

（5）物理力学性能测试

根据 GB/T 17671—2021《水泥胶砂强度检验方法（ISO 法）》，利用 TYE-200B 水泥胶砂抗折强度、抗压强度试验机对试块的 3d、28d 抗压和抗折强度进行检测。根据 GB/T 1346—2011《水泥标准稠度用水量、凝结时间、安定性检验方法》，对各组水泥进行标准稠度用水量和凝结时间测试。

（6）放射性检测

依据 GB 6566—2010《建筑材料放射性核素限量》中规定的方法，采用 FP90041B 型低本底多道 γ 能谱仪对烧成赤泥普通硅酸盐水泥中含有的 [226]Ra、[232]Th 和 [40]K 的放射性比活度进行测定，评估赤泥普通硅酸盐水泥的安全使用性能，其中内、外照指数按照式（2-1）和式（2-2）进行计算。

4.3 赤泥普通硅酸盐水泥熟料组成和微观形貌分析

为了研究烧成赤泥普通硅酸盐水泥熟料的特性，本节分别对赤泥普通硅酸盐水泥熟料进行了 f-CaO、岩相和 XRD 分析。

4.3.1 赤泥的掺加对赤泥普通硅酸盐水泥熟料易烧性的影响

各组熟料的 f-CaO 含量测定结果如图 4-2 所示。从图中可以看出，B1、B2、B3 和 KBB 组水泥熟料中的 f-CaO 含量均在 1% 以下。赤泥掺量为 10% 和 12% 的 B1 和 B2 组的 f-CaO 含量明显低于对照组 KBB，这是因为赤泥中含有少量的碱及微量的 F、S 等元素，在赤泥普通硅酸盐水泥的煅烧过程中降低体系最低共融温度，增加烧成体系中的液相量，起到助融作用，提高生料体系的易烧性。赤泥掺量为 15% 的 B3 组 f-CaO 含量最高，达到 0.48%，这是因为赤泥掺量的增大，造成生料烧结体系中液相量增大，碱含量增高，烧结体系中过多的碱与熟料矿物结合析出 CaO，造成熟料 f-CaO 含量增加。

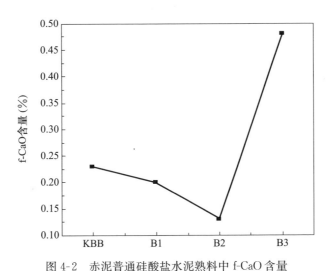

图 4-2 赤泥普通硅酸盐水泥熟料中 f-CaO 含量

4.3.2 赤泥的掺加对赤泥普通硅酸盐水泥熟料化学组成的影响

赤泥普通硅酸盐水泥中各组熟料的主要化学组成见表 4-3。从表中可以看出，赤泥普通硅酸盐水泥中 Na_2O 和 K_2O 的含量随着赤泥掺量的增加而不断增加。以水泥熟料中的标准（$Na_2O + 0.658K_2O$）计算赤泥中总碱含量可以看出，赤泥硅酸盐水泥中碱的总含量高于对照组 KBB 中碱的总含量，赤泥掺量为 10% 和 12%

的 B1 和 B2 组熟料中碱的总含量均低于 1%，其中 B1 组赤泥普通硅酸盐水泥熟料的碱含量为 0.57%，满足 GB 175—2007 /XG3—2018《通用硅酸盐水泥》国家标准第 3 号修改单中对低碱水泥中碱含量低于 0.60% 的要求。当赤泥的掺量增加到 15% 时，赤泥普通硅酸盐水泥熟料中碱的总含量达到 1.02%。

表 4-3　赤泥普通硅酸盐水泥中各组熟料的主要化学组成　质量分数,%

试样	氧化物							
	SiO_2	Al_2O_3	Fe_2O_3	CaO	K_2O	Na_2O	SO_3	$Na_2O+0.658 K_2O$
B1	21.96	4.78	3.56	64.24	0.51	0.23	0.49	0.57
B2	21.07	4.66	3.92	64.17	0.71	0.39	0.75	0.86
B3	20.62	5.39	4.52	62.9	0.74	0.53	0.83	1.02
KBB	20.63	4.38	3.23	65.83	0.33	0.21	0.51	0.43

4.3.3　赤泥的掺加对赤泥普通硅酸盐水泥熟料矿物组成的影响

各组熟料的 XRD 分析结果如图 4-3 所示。对比掺入不同比例赤泥的 B1、B2 和 B3 以及对照组 KBB 熟料的 XRD 图谱，可以看出四组熟料中的主要矿物均是 C_3S、C_2S、C_3A 和 C_4AF，四组图谱中均观察不到 f-CaO 特征峰的存在。从图中可以看出，从 B1 到 B2 水泥熟料中 C_3S 的衍射峰增强，从 B2 到 B3 熟料中 C_3S 的衍射峰却又减弱，这与 4.3.1 节中赤泥普通硅酸盐中易烧性的分析结果一致，少量赤泥的加入，能增加烧成体系中的液相量，有利于熟料的烧成；

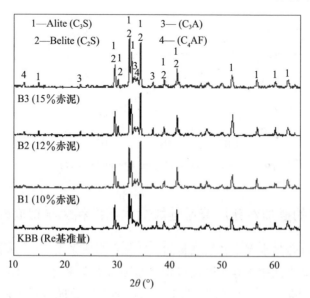

图 4-3　各组熟料的 XRD 分析结果

赤泥掺量过高，生料中引入过多的碱，则对赤泥道路硅酸盐水泥熟料形成造成不利的影响。同时，从图中还可以看出，随着赤泥掺量的增加，熟料 XRD 图谱中 C_4AF 的衍射峰逐渐增强，这是因为赤泥化学组成中含有 15.76% 的 Fe_2O_3（表 4-1），赤泥掺量的增加会造成烧成体系中 Fe_2O_3 相对含量的增加，有利于 C_4AF 的生成。

4.3.4 赤泥的掺加对赤泥普通硅酸盐水泥熟料岩相结构的影响

赤泥普通硅酸盐水泥熟料岩相照片如图 4-4 所示。从图中可以看出，赤泥普通硅酸水泥熟料中的 Alite 主要呈六方板状和柱状，Belite 主要呈椭圆状。B1 和 B2 组中 Alite 的晶体尺寸为 $10\sim30\mu m$，Belite 为 $10\sim15\mu m$，B2 组熟料中 Alite 的含量高于 B1 熟料中，且 B2 熟料中 Belite 均匀分布于 Alite 中间，Alite 的含量较多，B1 熟料中 Belite 的含量明显大于 Alite，也就是说 B2 熟料的矿物组成优于 B1 熟料。对于赤泥掺量最大的 B3 组熟料，其中含有大量的 Belite，其晶体尺寸在 $10\sim15\mu m$，只有少量晶体尺寸在 $5\sim15\mu m$ 的 Alite 出现，且 Alite 和 Belite 的分布呈现出成堆分布的状态。这说明，从 B1 到 B2 赤泥掺量的增加，有利于赤泥普通硅酸盐水泥中 Alite 的生成，但是当赤泥掺量继续增大时，烧成体系中的液相量过多，不利于 Alite 的生成，且会造成 Alite 和 Blite 分开成堆分布的状态。

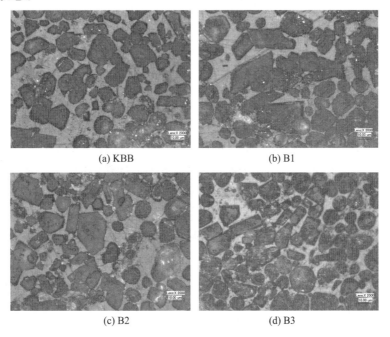

(a) KBB　　　　　　　　(b) B1

(c) B2　　　　　　　　(d) B3

图 4-4 赤泥普通硅酸盐水泥熟料岩相照片

4.4　赤泥普通硅酸盐水泥物理力学性能研究

赤泥普通硅酸盐水泥的物理力学性能见表 4-4，放射性能检测结果见表 4-5。

表 4-4　赤泥普通硅酸盐水泥的物理力学性能

试样	抗压强度（MPa）			抗折强度（MPa）			标准稠度用水量（%）	凝结时间		安定性（沸煮）
	3d	7d	28d	3d	7d	28d		初凝	终凝	
B1	23.7	36.1	42.7	6.0	6.9	7.4	26.8	1h11min	2h42min	合格
B2	24.9	38.4	47.1	6.2	6.9	7.9	27.2	1h7min	2h40min	合格
B3	21.3	32.3	40.9	5.2	6.5	7.1	27.2	1h24min	2h42min	合格
KBB	24.2	37.7	46.8	5.9	6.8	7.6	27.4	1h17min	2h35min	合格

表 4-5　赤泥普通硅酸盐水泥的放射性检测结果

试样	^{226}Ra 放射性比活度（Bq/kg）	^{232}Th 放射性比活度（Bq/kg）	^{40}K 放射性比活度（Bq/kg）	I_{Ra}	I_r	总比活度（Bq/kg）
B1	71.3	60.2	241.4	0.36	0.48	372.9
B2	77.5	65.7	247.9	0.39	0.52	391.1
B3	81.8	70.3	259.7	0.41	0.55	411.8
KBB	58.7	38.3	410.7	0.29	0.40	507.7

从表 4-4 可以看出，赤泥掺量为 10% 和 12% 的 B1 和 B2 组水泥，各项性能均满足 GB 175—2007/XG3—2018《通用硅酸盐水泥》国家标准第 3 号修改单中对 42.5 级普通硅酸盐水泥的要求。从 B1 到 B2 赤泥普通硅酸盐水泥的 3d、7d 和 28d 抗压、抗折强度均有所增加，从 B2 到 B3 赤泥普通硅酸盐水泥各龄期的抗压、抗折强度均有所下降。赤泥掺量对赤泥普通硅酸盐水泥的标准稠度用水量、凝结时间和安定性的影响不大。根据以上分析可以确定，赤泥掺量为 12% 的 B2 组水泥的性能最优。

从表 4-5 可以看出，掺加赤泥的赤泥普通硅酸盐水泥中 ^{226}Ra、^{232}Th 和 ^{40}K 的放射性比活度以及内外照指数均比未掺加赤泥的 KBB 对照组高。随着赤泥掺量的增加，赤泥普通硅酸盐水泥中 ^{226}Ra、^{232}Th 和 ^{40}K 的放射性比活度以及内外照指数均呈增加的趋势。但是，赤泥普通硅酸盐水泥的内外照指数均远低于 1，满足国家标准 GB 6566—2010《建筑材料放射性核素限量》中对 A 类建筑材料的要求。因此，赤泥普通硅酸盐水泥可以在普通建筑中安全使用。

4.5　本章小结

由于拜耳法赤泥碱含量较高，脱碱后拜耳赤泥中碱的含量（$Na_2O+0.658K_2O$）为 2.72，仍然比较高，且拜耳赤泥中 Al_2O_3 含量为 14.75%（表 4-1），本章主要研究采用较低掺量的脱碱拜耳赤泥制备普通硅酸盐水泥，得出如下结论：

（1）在赤泥最大掺量的原则上，采用赤泥掺量为 12%、KH 为 0.90、SM 为 2.03、IM 为 1.48 的配比，可以制备出各项性能优异的 42.5 级普通硅酸盐水泥。赤泥掺量从 10% 增加到 12% 时，赤泥普通硅酸盐水泥的力学性能呈现增强的趋势；赤泥的掺量从 12% 增加到 15% 时，赤泥普通硅酸盐水泥的力学性能呈现下降的趋势。赤泥的掺加对赤泥普通硅酸盐水泥的物理性能影响不大。

（2）赤泥掺量为 10%、12% 和 15% 的赤泥普通硅酸盐水泥熟料中碱的总含量（$Na_2O+0.658K_2O$）分别为 0.57%、0.86% 和 1.02%，均比较高。在赤泥掺量较小的情况下，赤泥的掺加起到矿化作用，可以增加烧成体系中的液相量，有利于水泥熟料中 Alite 的生成。但是当赤泥掺量过大时，烧结体系中的液相量过大，液相黏度增加，不利于 Alite 的生成，会导致熟料中 Alite 较少，出现大量的 Belite 矿巢。赤泥普通硅酸盐水泥熟料中的 C_4AF 的含量随着赤泥掺量的增加而增加。

（3）赤泥普通硅酸盐水泥中 [226]Ra、[232]Th 和 [40]K 的放射性比活度以及内外照指数均随着赤泥掺量的增加而增加，但是各组水泥的内外照指数均远低于 1，满足国家标准 GB 6566—2010《建筑材料放射性核素限量》中对 A 类建筑材料的要求。

5　赤泥道路硅酸盐水泥制备及其性能研究

由于我国铝土矿的品位较低，过去的几十年中，我国氧化铝生产工艺主要以烧结法为主，近年来才逐步向拜耳法转变。目前，我国大量堆存的赤泥中以烧结法赤泥居多。烧结法赤泥由于经过高温煅烧，或多或少含有胶凝性的物质，如 β-C_2S、γ-C_2S 和一些无定形铝硅酸盐物质，可以在水泥的煅烧过程中起到晶种的作用。与拜耳法赤泥相比，烧结法赤泥具有含碱量少、放射性较低的特点，更适合应用在水泥生产中。针对烧结法赤泥放射性超标、Fe_2O_3 含量高、IM 值较低的特点，本章主要研究将烧结法赤泥应用在公路水泥材料中，制备道路硅酸盐水泥，不仅为赤泥的资源化应用探索一条新的途径——将赤泥用在野外道路材料中，也进一步规避了赤泥中放射性物质对人体的危害。

5.1　原材料和检测方法

5.1.1　原材料

赤泥选用的是第 2 章介绍过的烧结法赤泥。由于赤泥的碱含量较高，首先采用 4.1.1 节中介绍的赤泥脱碱装置、脱碱剂和工艺参数进行脱碱。脱碱烧结法赤泥的化学分析结果见表 5-1。其他原料石灰石、砂岩、黏土、粉煤灰、石膏和铁粉均与 4.1.2 节介绍的相同。

表 5-1　脱碱烧结法赤泥的化学组成　　　　　　　　　质量分数,%

氧化物	SiO_2	Al_2O_3	Fe_2O_3	CaO	MgO	K_2O	Na_2O	SO_3	LOI
脱碱赤泥	15.95	6.34	12.50	34.35	1.76	0.50	0.30	0.86	24.50

5.1.2　试验和检测方法

（1）生料制备方法

本章涉及的原料主要有石灰石、脱碱赤泥和砂岩等。在生料制备过程中，首先将这几种原料分别置于 SM-500 型试验球磨机中粉磨 30min，这几种原料细度控制为 80μm 方孔筛筛余小于 10%。接着将这几种原料按照一定的配比置于 GM-5-6 型混料机中混料 1h。随后将混匀的生料进行压片处理，取混合好的生料

150g，加入生料质量 8％～10％ 的自来水，混合均匀后，在 100MPa 的轴向压力下，压制成 $\phi80mm\times8mm$ 的生料片。最后将压好的生料片置于 HG101-1 型电热鼓风干燥箱中，温度设置为 110℃，烘干 12h。

（2）水泥烧制

将烘干的生料片置于 SLQ1600-30 型高温电炉中，升温速率设置为 6℃/min，煅烧至 1400℃，在 800℃ 和 1400℃ 分别保温 30min，取出熟料急冷。对烧成的各组熟料掺加 5％ 的无水石膏在 SM-500 型球磨机中磨细至 $45\mu m$ 方孔筛的筛余为 10％ 以下，$80\mu m$ 方孔筛的筛余为 0，制成赤泥道路硅酸盐水泥。

（3）生料易烧性试验

生料易烧性试验按照国家标准 JC/T 735—2005 规定的《水泥生料易烧性试验方法》进行。采用甘油-乙醇法对烧成熟料进行 f-CaO 含量测定，其原理是：在无水甘油和乙醇的混合溶液中加入硝酸锶作为催化剂，在煮沸的情况下，水泥熟料中的 f-CaO 会在甘油-乙醇溶液中发生反应，生成甘油酸钙。甘油酸钙呈弱碱性，能使酚酞试液变红。再用苯甲酸滴定至溶液红色消失，根据滴定时消耗的苯甲酸的量即可计算出熟料中含有的 f-CaO 的量。

（4）热重-差热法分析生料分解特性

本章采用热重-差热分析法（TG-DSC）对生料的热分解特性进行分析。热重-差热分析采用武汉理工大学材料分析与测试中心的 PYRIS 系列 7e 型 DMA 功率补偿型差示扫描量热仪。

（5）X 射线衍射分析

为了研究熟料的形成过程以及熟料的矿物组成特性，采用 XRD 对熟料进行分析。本书采用天津城建大学绿色墙体材料中心的 Uitima Ⅳ 型 X 射线衍射仪进行分析。仪器参数：Cu 靶 Ka 辐射，扫描角度为 $10°～80°$（2θ），加速电压 40kV，电流 25mA。

（6）熟料矿物相及微组分的扫描电镜和微区分析（SEM-EDS）

为了对熟料矿物的微观形貌、晶粒尺寸及矿物组成进行分析，本书采用 Quanta-200FEG 型场发射扫描电镜对各组熟料进行微观形貌观察和微区分析。

（7）水泥物理力学性能检测方法

为了研究烧成水泥的物理力学性能，根据 GB/T 17671—2021《水泥胶砂强度检验方法（ISO 法）》，利用 TYE-200B 水泥胶砂抗折、抗压试验机对试块的 3d、28d 抗压、抗折强度进行检测。根据 GB/T 1346—2011《水泥标准稠度用水量、凝结时间、安定性检验方法》和 JC/T 603—2004《水泥胶砂干缩试验方法》，对各组水泥进行标准稠度用水量、凝结时间和干缩性能进行测试。

（8）水泥放射性检测方法

为了研究赤泥中放射性元素（^{226}Ra、^{232}Th 和^{40}K）对道路硅酸盐水泥放射性的影响，本书依据 GB 6566—2010《建筑材料放射性核素限量》中规定的方法，采用低本底多道 γ 能谱仪对烧成赤泥道路硅酸盐水泥中含有的^{226}Ra、^{232}Th 和^{40}K 的放射性比活度进行测定，评价赤泥道路硅酸盐水泥的安全使用性能，其中内外照指数的计算参照式（2-1）和式（2-2）。

5.2 赤泥道路硅酸盐水泥试配研究

5.2.1 配料方案

根据道路硅酸盐水泥生产的配料和煅烧工艺要求，结合脱碱赤泥的化学成分特点，以生料易烧性和熟料矿物质量为指标，在最大量消耗赤泥的原则上，本试验制备道路硅酸盐水泥采用的是中高饱和比、低硅酸铝、低铝氧率的配料方案。结合石灰石、脱碱赤泥、砂岩这三种原料的化学组成特点，参照一般水泥三率值调整范围进行配料。石灰饱和系数（KH）控制在 $0.90 \sim 0.96$，硅率（n）$1.73 \sim 2.15$，铝率（p）0.96 ± 0.06。按照脱碱赤泥配入比分别为 20％、23％和 26％（干重质量分数），设计了 9 组配料方案。设计水泥熟料试样物相理论含量见表 5-2，水泥生料实际配比方案见表 5-3。

表 5-2 设计水泥熟料试样物相理论含量

质量分数,%

试样	率值			熟料矿物组成			
	KH	n	p	C_3S	C_2S	C_3A	C_4AF
S1	0.90	2.15	0.90	55.13	18.72	4.90	14.73
S2	0.93	2.09	0.90	61.08	12.74	4.90	14.73
S3	0.96	2.05	0.90	66.40	7.40	4.89	14.72
S4	0.90	1.97	0.96	53.78	18.66	4.50	16.26
S5	0.93	1.92	0.96	59.05	13.37	4.50	16.26
S6	0.96	1.88	0.96	64.33	8.06	4.49	16.26
S7	0.90	1.82	1.02	53.52	17.66	4.10	17.78
S8	0.93	1.78	1.02	59.29	11.99	4.10	17.78
S9	0.96	1.73	1.02	64.56	6.69	4.09	17.78

表 5-3　水泥生料实际配比方案　　　　　　　　　　　质量分数,%

试样	石灰石	脱碱赤泥	砂岩	粉煤灰
S1	70.66	20.00	7.55	1.79
S2	71.11	20.00	7.10	1.79
S3	71.51	20.00	6.70	1.79
S4	68.31	23.00	6.90	1.79
S5	68.76	23.00	6.45	1.79
S6	69.16	23.00	6.05	1.79
S7	66	26.00	6.21	1.79
S8	66.40	26.00	5.81	1.79
S9	66.80	26.00	5.41	1.79

5.2.2　生料易烧性研究

　　将生料按照上述 9 组配方配料后,按照 JC/T 735—2005《水泥生料易烧性试验方法》的规定进行生料易烧性试验。烧成的各组熟料按照甘油-乙二醇法进行 f-CaO 含量测定。用熟料中 f-CaO 含量的高低来表征各组生料的易烧性能的优劣,进一步判断赤泥配料条件下较好的配料方案。赤泥道路硅酸盐水泥生料易烧性的试验结果如图 5-1 所示。

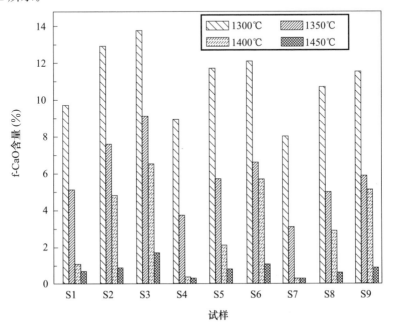

图 5-1　赤泥道路硅酸盐水泥生料易烧性的试验结果

从图 5-1 的易烧性试验结果来看，在赤泥掺量、不同率值和煅烧温度的多重影响下，不同配比的 f-CaO 含量存在着明显的差异。在 1300℃ 和 1350℃ 较低温度时，各组配料的 f-CaO 含量都远大于 1。原因主要是煅烧温度太低，不利于 CaO 的吸收。S3 石灰饱和系数为最大值 0.96，铝酸率为最小值 0.90，其 f-CaO 含量为最大，易烧性显然不好。当温度提高到 1400℃ 时，各组配料的 f-CaO 含量仍比较高，但是出现了 f-CaO 含量小于 1% 的两组配料，即 S4（0.4%）和 S7（0.3%）。1450℃ 煅烧熟料的 f-CaO 含量均比较低，但是 S3、S6 和 S9 组熟料中 f-CaO 含量仍高于 1，同时观察熟料试样的外观发现各组配方的熟料均出现了烧流的情况，说明此时烧结系统中的液相量过大，导致烧流熔融状态的出现。

综上所述，赤泥作为铁质原料配料可以明显增强道路硅酸盐水泥的易烧性，赤泥道路硅酸盐水泥的率值应采用低石灰饱和系数配料，石灰饱和系数较高时，熟料比较难烧。适量的赤泥配入生料中，在 1400℃ 时就能烧出理想的熟料。

5.3 赤泥道路硅酸盐水泥煅烧试验研究

根据试配试验相关结果，在最大赤泥配入量的前提下，确定 3 个赤泥配入试样配方与一个空白试样配方，对赤泥道路硅酸盐水泥进行实验室煅烧及相关性能研究。空白对照样根据天瑞集团郑州水泥有限公司的生产实际情况确定。从表 5-2 可以看出，赤泥的配入量小于 23% 时，设计水泥的熟料中 C_4AF 的含量会低于 16%，当赤泥的掺量高于 28% 时，会造成设计水泥的硅率值过低。因此，脱碱烧结法赤泥在道路硅酸盐水泥生料中的合适掺量在 23%～28% 之间，本章选择的 3 个赤泥配料中赤泥的掺量分别为 23%、26% 和 28%（干重质量分数）。粉煤灰的掺入是根据天瑞集团郑州水泥有限公司生产实际情况模拟煤灰成分。具体配料方案及相关率值见表 5-4。

表 5-4 各配料方案及理论熟料率值

试样	原料配比（%）						理论熟料率值		
	石灰石	脱碱赤泥	砂岩	黏土	粉煤灰	铁粉	KH	SM	IM
SM1	68.31	23.00	6.90	0.00	1.79	0.00	0.90	1.97	0.96
SM2	66.00	26.00	6.21	0.00	1.79	0.00	0.90	1.82	0.90
SM3	64.41	28.00	5.80	0.00	1.79	0.00	0.90	1.73	0.87
KBB	83.41	0.00	2.90	9.50	1.79	2.40	0.90	1.95	0.96

5.3.1 赤泥配入对生料试样热分解特性的影响

由易烧性试验可知，赤泥配入生料中对道路硅酸盐水泥生料的易烧性有明显的促进作用。为了研究赤泥中的碳酸钙和矿化成分对道路硅酸盐水泥生料的热分解特性和熟料的烧成过程的影响，本节对三组赤泥配入配方和空白试样进行了综合热分析（TG-DSC），同时对这几种试样的分解温度进行了测定。TG-DSC 检测结果见表 5-5、图 5-2 和图 5-3。

表 5-5　各组生料热分析结果

试样	分解温度（℃）			失重率（%）
	分解起始温度	分解最快温度	分解结束温度	
SM1	659.2	815.9	837.9	35.25
SM2	653.4	804.0	827.3	35.15
SM3	649.2	800.7	825.8	35.26
KBS	671.8	814.4	841.3	35.90

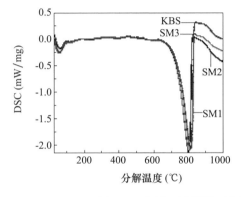 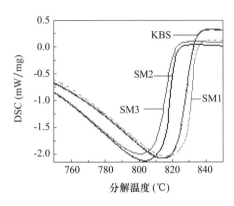

图 5-2　生料 DSC 图谱（左图为总图，右图为局部放大图）

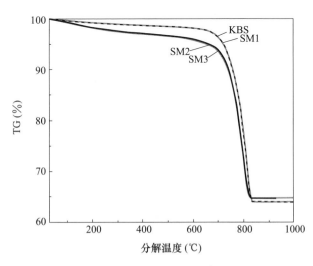

图 5-3　生料 TG 图谱

从表5-5和图5-2DSC分析可以看出，赤泥掺量为23％的SM1生料试样的初始分解温度为659.2℃，最快分解温度为815.9℃，分解结束温度为837.9℃，与空白样KBS相比，初始分解温度和分解结束温度均比KBS低，最快分解温度相近。赤泥掺量为26％的SM2生料试样各个分解温度较SM1均有一定程度的降低。而赤泥掺量为28％的SM3生料试样各分解温度均为最低。总体来看，赤泥的配入，对道路硅酸盐水泥生料的碳酸盐分解有比较明显的促进作用，这与易烧性试验的结果是一致的。对于SM1、SM2和SM3来说，随着赤泥掺量的增加，生料的各分解温度均有明显的降低，一方面是因为赤泥中的部分微量组分（Na、K、S等）可以在道路硅酸盐水泥的烧成过程起到矿化作用，促进生料中碳酸盐的分解，另一方面赤泥掺量的增加会引起生料的 SM 和 IM 值的降低，生料的易烧性相对较好。

综上所述，赤泥配入生料中后，生料的各个分解温度总体上对比空白组KBS有明显的降低。这是因为一方面赤泥中含有的$CaCO_3$颗粒较细小，活性比较高，另一方面赤泥中含有的 Na、K、S 等微量组分具有一定的矿化作用，有利于生料体系中碳酸盐的分解，这就导致掺加赤泥的生料的分解温度较空白组低。同时，生料的热分解特性还会受到三个率值的影响，相同石灰饱和系数的情况下，赤泥掺量较少的SM1组的硅率 SM 值明显较高，烧成系统中的硅酸盐矿物比例和$CaCO_3$含量也较高，生料的分解温度就相对比较高，较为难烧。

5.3.2　赤泥配入对熟料矿物组成的影响

硅酸盐水泥生产质量控制的重要指标是其具有合理的矿物组成，特别是道路硅酸盐水泥熟料应该含有足够量的硅酸盐矿物和较多量的铁铝酸盐矿物。不同赤泥掺量的（0、23％、26％、28％）试样 SM1、SM2、SM3 和 KBS 烧成熟料的化学分析结果以及根据化学分析结果采用 R. H. Bogue 法计算的熟料中四种矿物的含量见表 5-6 和表 5-7。SM1、SM2、SM3 和 KBS 烧成熟料的 XRD 分析结果如图 5-4 所示。

表 5-6　不同赤泥掺量水泥熟料的化学组成　　　　　　　质量分数，％

氧化物	烧成熟料成分			
	KBS	SM1	SM2	SM3
Na_2O	0.24	0.3	0.38	0.41
MgO	2.35	2.28	2.4	2.61
Al_2O_3	4.05	4.03	4.14	4.4
SiO_2	20.56	20.03	19.54	19.73
P_2O_5	0.07	0.09	0.1	0.11
SO_3	0.62	0.64	0.79	0.85

续表

氧化物	烧成熟料成分			
	KBS	SM1	SM2	SM3
K₂O	0.32	0.51	0.67	0.71
CaO	65.15	63.9	63.8	62.35
TiO₂	0.2	0.78	0.93	0.95
Cr₂O₃	—	—	—	0.09
MnO	—	—	—	0.01
Fe₂O₃	4.26	5.54	6.14	6.7
ZnO	0.09	0.23	0.3	—
SrO	0.08	0.09	0.09	0.08
ZrO₂	—	0.02	—	0.04
BaO	0.03	0.06	0.05	0.05
MoO₃	—	—	—	—
f-CaO	0.32	0.55	0.41	0.67
烧失量	1.49	0.68	0.68	0.68

表 5-7　不同赤泥掺量水泥熟料的矿物组成　　　　　质量分数,%

矿物学阶段	水泥熟料组成			
	KBS	SM1	SM2	SM3
C₃S	68.53	71.01	69.86	62.24
C₂S	7.33	3.95	3.41	9.70
C₃A	3.53	1.32	0.59	0.34
C₄AF	12.95	16.84	18.67	20.37

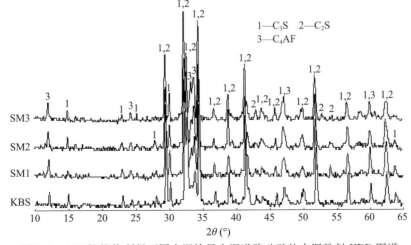

图 5-4　1400℃煅烧所得不同赤泥掺量赤泥道路硅酸盐水泥熟料 XRD 图谱

从表 5-6 可以看出,赤泥道路硅酸盐水泥熟料中的 Na_2O 和 K_2O 的含量随着赤泥掺量的增加而增加,赤泥道路硅酸盐中的总碱含量($Na_2O+0.658K_2O$)分别是 SM1 0.64%,SM2 0.82%,SM3 0.88%,均未超过 1%。赤泥道路硅酸盐水泥熟料中的 Fe_2O_3 的含量也随着赤泥掺量的增加而增加。根据表 5-7 对赤泥道路硅酸盐水泥熟料矿物组成采用鲍格计算,结果可以看出,赤泥道路硅酸盐水泥中 C_4AF 的含量均大于 16%,且其含量随着赤泥掺量的增加而增加;C_3A 的含量均小于 5%,符合国家标准 GB/T 13693—2017《道路硅酸盐水泥》中对矿物组成的要求。

从图 5-4 可以看出,赤泥道路硅酸盐水泥熟料的主要矿物组成为 C_3S、C_2S 和 C_4AF。随着赤泥掺量的增加(23%~28%),熟料中 C_4AF 特征峰逐渐增强;赤泥掺量从 23% 增加到 26% 时,C_3S 特征峰明显增强;而赤泥掺量为 28% 的 S3 组熟料相对于 26% 的 S2 组熟料而言,C_3S 特征峰明显减弱,同时 C_2S 特征峰明显增强。

由于赤泥中含有 12.5% 的 Fe_2O_3(表 5-1),赤泥掺量的增加会引起生料中 Fe_2O_3 相对含量的增加,从而使烧成熟料中 C_4AF 含量的增加,所以熟料中 C_4AF 的含量会随着赤泥掺量的增加而增加。同时,赤泥掺量的增加可以增加烧结体系中的碱含量,微量的碱可以使烧结体系的液相量增加,起助融作用,有利于 C_3S 晶体的形成和生长,因此赤泥掺量从 23% 增加到 26% 时,C_3S 特征峰明显增强。但是赤泥掺量过大,会造成熟料煅烧过程中液相量过大,煅烧体系中晶体的生长速度大于成核速度,C_2S 来不及吸收 CaO 进一步形成 C_3S。同时赤泥掺量的增加会进一步提高烧结体系中的碱含量,提高烧结体系的液相黏度,不利于反应物质的扩散。当碱含量较多时,首先会与硫结合形成硫酸钾(钠)、钠钾芒硝($3K_2SO_4 \cdot Na_2SO_4$)或者是钙明矾($3CaSO_4 \cdot K_2SO_4$),多余的碱则以形成固溶体的方式和熟料矿物反应公式:

$$12C_2S+K_2O \longrightarrow K_2O \cdot 23CaO \cdot 12SiO_2 + CaO$$

即煅烧体系中碱含量过高时,K_2O 和 Na_2O 取代 CaO 形成碱化合物的同时析出 CaO,使 C_2S 难以再吸收 CaO 形成 C_3S,不利于 C_3S 生成,因此赤泥掺量从 26% 增加到 28% 时,C_3S 特征峰明显减弱,同时 C_2S 特征峰明显增强,这就导致了赤泥掺量为 28% 的道路硅酸盐水泥的抗压抗折强度偏低,初凝和终凝时间较长。

5.3.3 赤泥配入对熟料矿物微观结构的影响

为了对赤泥道路硅酸盐水泥熟料矿物的结构及微观形貌进行更深入的了解,对 SM1、SM2、SM3 和 KBS 在 1400℃ 下烧成的熟料进行 SEM 分析,SEM 分析结果如图 5-5~图 5-8 所示。

1. KBS 熟料 SEM 检测结果及分析

图 5-5 为空白对照组 KBS 熟料试样的 SEM 照片。从图中可以看出，KBS 熟料矿物中主要包括大量的六角板状的 A 矿晶体、少量的椭圆状 B 矿，中间相主要以叶片状分布在 A 矿和 B 矿之间。其中 A 矿的边棱清晰，晶型完整，晶体尺寸范围为 $5\sim20\mu m$，部分 B 矿固溶于 A 矿中形成包裹体。该熟料的烧成质量较为理想。

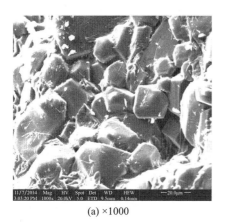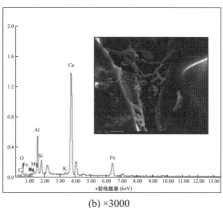

(a) ×1000　　　　　　　　　　　　　(b) ×3000

图 5-5　KBS 熟料试样的 SEM 照片

2. SM1 熟料 SEM 检测结果及分析

SM1 熟料试样的 SEM 照片如图 5-6 所示。SM1 生料中赤泥的配比为 23%，从图 5-6 可以看出，SM1 熟料中以 A 矿、B 矿和较多的中间相组成。其中 A 矿呈六角板状，边棱清晰，表面光洁，尺寸范围为 $5\sim30\mu m$；B 矿主要呈椭圆状；中间相则主要呈叶片状分布在硅酸盐矿物之间。与对照组 KBS 相比，其矿物微观结构比较相近。

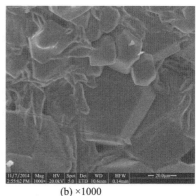

(a) ×500　　　　　　　　　　　　　(b) ×1000

图 5-6　SM1 熟料的 SEM 照片

3. SM2 熟料 SEM 检测结果及分析

SM2 熟料的 SEM 照片如图 5-7 所示。SM2 生料中赤泥的配入量为 26％。从图 5-7（a）中可以看出，SM2 熟料中存在大量 A 矿、少量 B 矿和一定量的中间相。随后对图 5-7（a）部分放大得到图 5-7（b）～（f），从图 5-7（b）和图 5-7（c）中可以看出 A 矿主要呈六角板状，其尺寸在 $10\sim40\mu m$ 范围内，晶型完整、边棱清晰、表面光洁；从图 5-7（b）和图 5-7（d）中可以看出 B 矿主要为椭圆状晶体，大部分晶体上可见明显的晶纹，其尺寸主要在 $10\sim20\mu m$ 范围内。

从图 5-7（b）～（d）中可以明显看出，在 A 矿和 B 矿间有一定量蜂窝状中间相和少量的蠕虫状中间相。图 5-7（e）和图 5-7（f）为分别对这两种中间相进行 EDS 能谱分析的结果。图 5-7（e）表明蠕虫状中间相主要为碱金属 K 和 Na 的硫酸盐矿物，这是因为熟料中含有较多的碱时，少量的碱会固溶在硅酸盐矿物中，其余的碱则与硫结合成硫酸钾（钠）存在中间相中。图 5-7（f）表明蜂窝状结构主要是铁铝酸盐矿物，其尺寸在 $1\sim10\mu m$ 范围内。

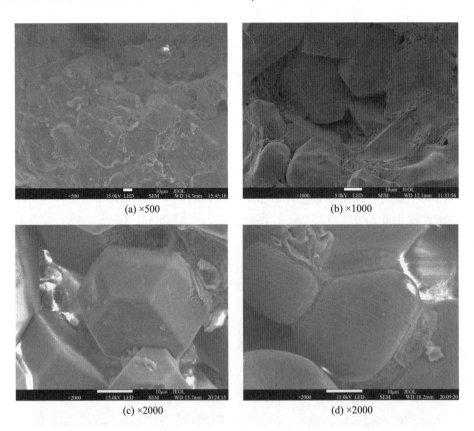

(a) ×500

(b) ×1000

(c) ×2000

(d) ×2000

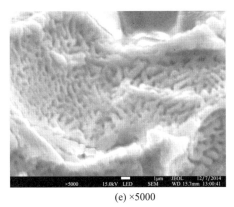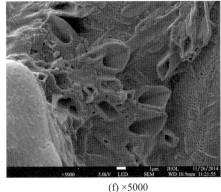

(e) ×5000　　　　　　　　　　(f) ×5000

图 5-7　SM2 熟料的 SEM 照片

4. SM3 熟料 SEM 检测结果及分析

SM3 熟料的 SEM 照片如图 5-8 所示。SM3 组生料中赤泥的配入量为 28%。从图 5-8 可以看出,SM3 赤泥道路硅酸盐水泥熟料的主要矿物组成为 A 矿、B 矿和大量的中间相,其中可以观察到 A 矿的晶体尺寸明显较 SM1 和 SM2 大,在 $25 \sim 50 \mu m$ 范围内,并且 A 矿尺寸差距较大,部分 A 矿边界不完整,这主要是因为赤泥掺量过多会引起烧结体系中液相量过大,造成烧结体系中晶体的成核速度赶不上晶体的生长速度,形成较大的 A 矿晶体。但是 A 矿晶体过大,尺寸不均匀,不利于熟料体系中矿物组成的优化。同时,在 SM3 熟料中发现了 B 矿的成堆分布现象,也说明了赤泥掺量过大,会造成赤泥道路硅酸盐水泥中的碱金属含量比较高,碱金属与 C_2S 结合形成固溶体,影响 C_2S 吸收 CaO 形成 C_3S。

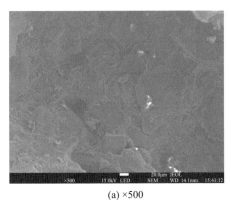

(a) ×500　　　　　　　　　　(b) ×1000

图 5-8　SM3 熟料的 SEM 照片

5.4 赤泥道路硅酸盐水泥基本性能研究

5.4.1 赤泥配入对道路硅酸盐水泥物理力学性能的影响

表5-8为不同赤泥掺量的道路硅酸盐水泥的物理力学性能检测结果。由表5-8可知，赤泥掺量为23％和26％的SM1和SM2组赤泥道路硅酸盐水泥具有良好的物理力学性能；与对照组KBS相比，掺加赤泥的SM1、SM2和SM3组道路硅酸盐水泥的早期抗压强度明显偏低；由图5-7(e)可以看出，赤泥道路硅酸盐水泥中生成了硫酸钾（钠），其中多余的K_2O和Na_2O则会取代CaO形成碱化合物的同时析出CaO，使C_2S难以再吸收CaO形成C_3S，导致赤泥道路硅酸盐水泥中实际生成的C_3S并没有表5-6中计算的那么多，使得赤泥道路硅酸盐水泥中的C_3S含量少于对照组KBS，造成赤泥道路硅酸盐水泥早期抗压强度偏低。与其他组相比，赤泥掺量为28％的S3组赤泥道路硅酸盐水泥的抗压和抗折强度均比较低，初凝和终凝时间也比较长，这是因为掺量为28％的SM3组的赤泥掺量最多，生料中引入的碱也比较多，造成熟料中生成的C_3S含量减少，C_2S含量增多，由图5-8也可以说明这一点。

表5-8　赤泥道路硅酸盐水泥的物理力学性能

试样	抗压强度（MPa）			抗折强度（MPa）			标准稠度用水量（％）	凝结时间		28d干缩（％）	安定性（沸煮法）
	3d	7d	28d	3d	7d	28d		初凝	终凝		
KBS	34.20	43.17	53.15	6.02	7.72	8.17	28.4	1h22min	3h37min	0.048	合格
SM1	26.80	38.30	57.50	6.17	7.95	8.78	27.4	1h32min	3h20min	0.043	合格
SM2	27.40	39.20	55.30	6.27	7.90	8.45	27.4	1h36min	3h17min	0.037	合格
SM3	18.00	29.20	39.95	4.67	6.67	7.33	27.2	2h15min	3h49min	0.033	合格

5.4.2 赤泥配入对道路硅酸盐水泥放射性的影响

各组赤泥道路硅酸盐水泥熟料的放射性检测结果见表5-9。

表5-9　赤泥道路硅酸盐水泥熟料的放射性检测结果

试样	^{226}Ra放射性比活度（Bq/kg）	^{232}Th放射性比活度（Bq/kg）	^{40}K放射性比活度（Bq/kg）	I_{Ra}	I_r	总比活度（Bq/kg）
KBS	38.3	31.3	308.5	0.19	0.30	378.1
SM1	108.6	94.0	304.8	0.54	0.73	507.4

续表

试样	^{226}Ra 放射性比活度 (Bq/kg)	^{232}Th 放射性比活度 (Bq/kg)	^{40}K 放射性比活度 (Bq/kg)	I_{Ra}	I_r	总比活度 (Bq/kg)
SM2	136.3	126.2	309.1	0.68	0.93	571.6
SM3	151.3	138.9	311.7	0.76	1.02	601.9

由表5-9可见，随着赤泥掺量的增加，^{232}Th、^{226}Ra、^{40}K的放射性比活度均有所增加，当赤泥掺量为26%时，熟料的内、外照射指数分别为0.68和0.93，当掺量增加到28%时，内、外照射指数分别为0.76和1.02，此时放射性总比活度达到了601.9Bq/kg。对照组KBS相对于SM1、SM2和SM3而言，由于没有掺加赤泥，^{226}Ra、^{232}Th的放射性比活度都比较低，只有38.3Bq/kg、31.3Bq/kg。

5.4.3 赤泥道路硅酸盐水泥耐磨性能研究

为了研究赤泥道路硅酸盐水泥的耐磨性，根据道路混凝土配合比设计，采用本项目制得的赤泥道路硅酸盐水泥SM2组和郑州天瑞水泥有限公司生产的42.5级普通硅酸盐水泥，进行道路混凝土配合比设计，设计配合比为水泥：水：石子：砂＝320：131：1377：649。根据此配比分别配出赤泥道路硅酸盐水泥道路混凝土（R）和普通水泥道路混凝土（P），将这两种道路混凝土标准养护28d后，其抗折强度、抗压强度、耐磨性和放射性检测结果见表5-10。道路混凝土的耐磨性测试分别参照JTG 3420—2020《公路工程水泥及水泥混凝土试验规程》执行。

表5-10　道路混凝土性能参数

编号	力学性能			放射性			内照指数	外照指数
	抗折强度 (MPa)	抗压强度 (MPa)	磨耗量 (kg/m²)	^{226}Ra	^{232}Th	^{40}K		
R	7.86	68.5	2.76	24.8	19.8	44.9	0.1	0.2
P	7.23	67.0	2.90	27.5	10.1	29.5	0.1	0.1

从表5-10可以看出，赤泥道路硅酸盐水泥道路混凝土的抗压、抗折强度与普通水泥道路混凝土相差不大，但是优于普通水泥道路混凝土；赤泥道路混凝土的磨耗量小于普通水泥道路混凝土，由此也可以说明赤泥道路硅酸盐水泥的耐磨性优于普通硅酸盐水泥；从放射性数据来看，赤泥道路混凝土中的^{232}Th和^{40}K的比活度较大，其外照指数大于普通水泥道路混凝土，但是其内、外照指数分别为0.1和0.2，远远小于国家标准中规定的量。因此赤泥道路混凝土应用于野外道路建设安全的，不会对居民和周围环境造成危害。

5.5 赤泥道路硅酸盐水泥形成过程研究

SM2 组赤泥道路硅酸盐水泥熟料试样按其煅烧温度和保温时间分别编号为 SC-800-0、SC-900-0、SC-1000-0、SC-1100-0、SC-1200-0、SC-1300-0、SC-1400-0 和 SC-1400-30，熟料 XRD 分析结果如图 5-9 所示。

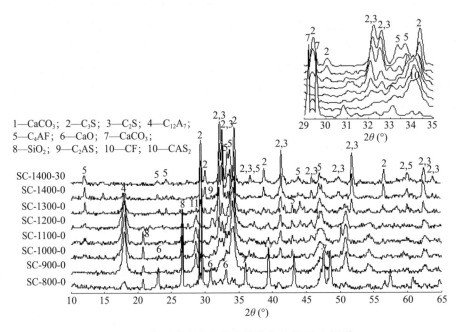

图 5-9　赤泥道路硅酸盐水泥形成过程 XRD 图谱

从图中可以看出，800℃时熟料体系的主要物相为 SiO_2、CaO、$CaCO_3$、C_2S 和 $C_{12}A_7$，表明 $CaCO_3$ 已开始分解，并且分解产生的 CaO 开始与 Al_2O_3 和 SiO_2 反应生成 $C_{12}A_7$ 和 C_2S。此时发生的化学反应可以概括为：

$$CaCO_3 \longrightarrow CaO + CO_2 \uparrow$$
$$CaO + SiO_2 \longrightarrow C_2S$$
$$CaO + Al_2O_3 \longrightarrow C_{12}A_7$$

900℃时主要物相为 $C_{12}A_7$、SiO_2、CF、C_2S 和 $CaCO_3$，$CaCO_3$ 的衍射峰已经非常微弱，$C_{12}A_7$ 衍射峰变得很强，表明此时 $CaCO_3$ 已大量分解，$C_{12}A_7$ 大量生成，并开始出现 CF 和 CAS_2。此时开始发生的化学反应为：

$$CaO + Fe_2O_3 \longrightarrow CF$$
$$CaO + SiO_2 + Al_2O_3 \longrightarrow CAS_2$$

1000℃时 $C_{12}A_7$ 的含量达到最大值，并开始出现明显的 C_2AS 和 C_4AF 峰，由此得出 C_4AF 开始形成的温度为 900~1000℃。此时发生的主要化学反应可能为：

$$CaO + SiO_2 + Al_2O_3 \longrightarrow C_2AS$$
$$C_2AS + CaO + CF \longrightarrow C_4AF + C_2S$$
$$CAS_2 + CaO + CF \longrightarrow C_4AF + C_2S$$

1100℃时 CAS_2 的含量达到最大值。1200℃时 C_2AS 和 C_2S 的含量达到最大值，C_4AF 的峰继续增强。1300℃时有明显的 C_3S 峰出现，发生化学反应：

$$CaO + C_2S \longrightarrow C_3S$$

这说明 C_3S 开始出现的温度为 1200～1300℃，即熟料体系中液相出现的温度为 1200～1300℃；同时从 1200℃到 1300℃，C_4AF 的峰强增加比较明显，说明 C_4AF 在这个温度段内大量形成。1400℃时，C_3S 的峰强增加明显，说明在 1300～1400℃，C_3S 大量形成，即在这个温度区间，烧结系统的液相量达到最大值；同时，CAS_2 的衍射峰消失，但是仍有 C_2AS 衍射峰出现。1400℃保温 30min 的衍射图显示，相对于 1400℃未保温的衍射图，C_2AS 衍射峰消失，C_3S 和 C_4AF 衍射峰均有所增强。

综上所述，赤泥道路硅酸盐水泥的主要矿物相为 C_3S、C_2S 和 C_4AF。C_4AF 可能通过两种方式生成，即：

$$C_2AS + CaO + CF \longrightarrow C_4AF + C_2S$$
$$CAS_2 + CaO + CF \longrightarrow C_4AF + C_2S$$

C_4AF 开始形成的温度为 900～1000℃，大量形成的温度为 1200～1300℃；烧结系统的液相开始形成的温度为 1200～1300℃，液相量达到最大温度为 1300～1400℃。适当的保温时间有利于提高赤泥道路硅酸盐熟料中 C_3S 和 C_4AF 的含量。由于赤泥道路硅酸盐中 Al 的配入量低，造成熟料中没有出现显著的 C_3A 相。赤泥的掺入，对道路硅酸盐水泥熟料的烧成过程没有造成显著的不利影响。

5.6　赤泥道路硅酸盐水泥水化特性研究

5.6.1　赤泥道路硅酸盐水泥水化 XRD 分析

SM2 组赤泥道路硅酸盐水泥不同水化龄期 XRD 图谱如图 5-10 所示。从图中可以看出，赤泥道路硅酸盐水泥的水化产物主要有 $Ca(OH)_2$、水化硅酸钙、水化硫铝酸钙等。水化 6h 和 1d 有明显的 $Ca(OH)_2$ 和水化硅酸钙衍射峰，水化硫铝酸钙的衍射峰不明显。水化 3d 可以观察到明显的水化硫铝酸钙衍射峰，并且 C_3S 和 C_4AF 衍射峰明显减弱，说明水化早期 C_3S 和 C_4AF 都大量发生了水化。水化 7d 的衍射图谱上 C_4AF 衍射峰已经不明显，说明 C_4AF 水化速度较快，主要水化发生在水化 7d 之前。水化 28d，$Ca(OH)_2$ 和水化硫铝酸钙的衍射峰明显增强，这是 C_2S 持续水化的结果，此时仍可以观察到明显的 C_2S 衍射峰存在。赤泥道路硅酸盐水泥水化 XRD 图谱说明赤泥道路硅酸盐水泥的强度主要由

Ca(OH)$_2$、水化硅酸钙和水化硫铝酸钙形成的致密结构提供，但是赤泥道路硅酸盐水泥中含有大量的铁相，水化 XRD 图谱并未显示出该水化产物，为了进一步研究赤泥道路硅酸盐水泥水化微观形貌和铁相的水化产物，需要对赤泥道路硅酸盐水泥试样做 SEM 分析。

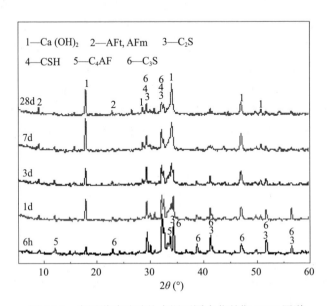

图 5-10　赤泥道路硅酸盐水泥不同水化龄期 XRD 图谱

5.6.2　赤泥道路硅酸盐水泥水化微观结构

用扫描电镜和 EDS 能谱观察分析 SM2 组赤泥道路硅酸盐水泥净浆水化 1d、3d、7d 和 28d 的微观结构和水化产物，如图 5-11～图 5-14 所示。

(a) ×2000　　　　　　　　　　　(b) ×3000

图 5-11　赤泥道路硅酸盐水泥水化 1d SEM 照片

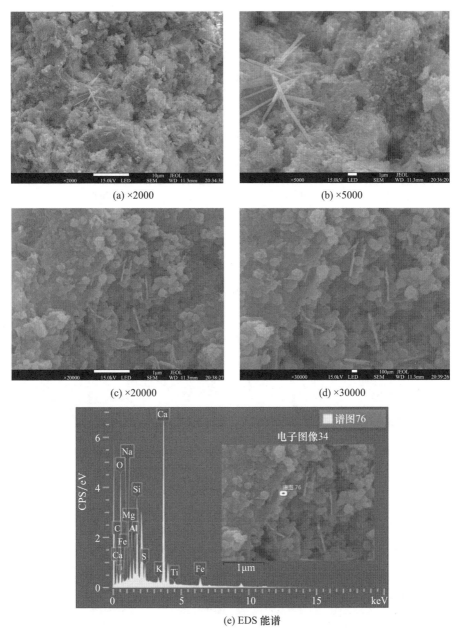

(a) ×2000

(b) ×5000

(c) ×20000

(d) ×30000

(e) EDS 能谱

图 5-12　赤泥道路硅酸盐水泥水化 3d SEM 照片

　　从图 5-11 中可以看出，水化 1d 的赤泥道路硅酸盐水泥浆体主要由大量的纤维状 C-S-H 凝胶颗粒，其尖端有树枝状分叉，尺寸为 $0.1\sim0.2\mu m$，另有少量薄片状 $Ca(OH)_2$，这些是赤泥道路硅酸盐水泥早期强度的来源，还可以观察到 C-S-H 凝胶包裹着的部分未水化的水泥颗粒，但并没有观察到有钙矾石的生成。

(a) ×2000　　　　　　　　　　(b) ×20000

图 5-13　赤泥道路硅酸盐水泥水化 7d SEM 照片

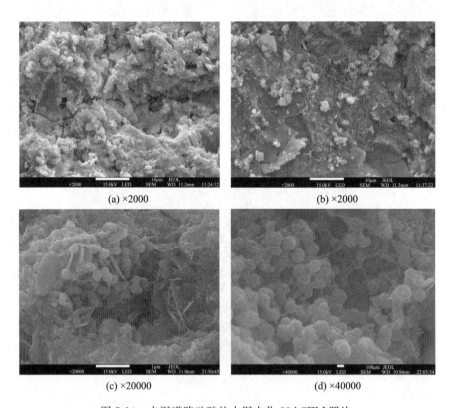

(a) ×2000　　　　　　　　　　(b) ×2000

(c) ×20000　　　　　　　　　　(d) ×40000

图 5-14　赤泥道路硅酸盐水泥水化 28d SEM 照片

从图 5-12 可以看出，水化 3d 的赤泥道路硅酸盐水泥内部有大量的网络状的 C-S-H 凝胶、片层状的 $Ca(OH)_2$ 晶体、少量分布松散的针棒状钙矾石。值得注意的是，水化 3d 的赤泥道路硅酸盐水泥浆体中发现了大量的球状凝胶，其晶体尺寸在 100～200nm 范围内，球状凝胶之间还夹杂着厚度在几个纳米的不规则板状 AFm。

通过图 5-12 的 EDS 能谱可以看出，水化 3d 的赤泥道路硅酸盐水泥中的球状凝胶为铁凝胶，这是由于赤泥道路硅酸盐水泥中含有大量的铁相，其水化的主要产物之一就是铁凝胶。水泥熟料中含有的铁相比较复杂，其化学组成是一系列的连续固溶体，在一般的硅酸盐水泥熟料中，其成分接近于铁铝酸四钙（C_4AF），我们常用 C_4AF 代表熟料中的铁相固溶体，而实际上其具体的组成随该相的 Al_2O_3/Fe_2O_3 的不同而存在差异。郭勇等研究表明，C_8AF_2、C_4AF 和 C_8A_2F 水化试样中有许多颗粒状物，为立方相 $C_3(A，F)H_8$，且当铁相中 Al/Fe 增大时，$C_3(A，F)H_8$ 晶体尺寸减小且数量增多。将赤泥道路硅酸盐水泥水化 3d 的铁相照片与文献中的低铝铁相水化 3d 的 SEM 图片对比，其水化产物微观形貌较为接近，这说明赤泥道路硅酸盐水泥中的铁相主要是低铝铁相。

从图 5-13 可以看出，水化 7d 的赤泥道路硅酸盐水泥中 C-S-H 凝胶结构更加致密，$Ca(OH)_2$ 晶体呈板状，C-S-H 凝胶之间有少量的棒状 AFt。在浆体缝隙中，网络状的 C-S-H 凝胶包裹着铁凝胶，球状铁凝胶的尺寸为 100～300nm，在网络状凝胶和铁凝胶之间杂乱分布着一定量的薄片状 AFm，且 AFm 含量较水化 3d 时明显增多。

从图 5-14 可以看出，水化 28d 的赤泥道路硅酸盐水泥浆体主要由结构致密的块状 C-S-H 凝胶和 $Ca(OH)_2$ 以及少量针棒状钙矾石组成，部分表面出现了大量的花瓣状的 AFm 聚集区。网络状凝胶包裹着铁凝胶和少量薄片状 AFm，分布在浆体空隙中。与水化 7d 的浆体相比，铁凝胶的尺寸变化不大，为 100～300nm。

综上所述，赤泥道路硅酸盐浆体强度主要由块状 C-S-H 凝胶、板状 $Ca(OH)_2$ 晶体、花瓣状 AFm，以及分布在空隙中包裹着铁凝胶和少量薄片状 AFm 的网络状 C-S-H 凝胶提供。由微观结构分析表明赤泥道路硅酸盐水泥中的铁相主要是低铝铁相，低铝铁相水化形成的铁凝胶使赤泥道路硅酸盐水泥具有优良的耐磨、抗冲击和抗硫酸盐侵蚀等性能。网络状凝胶包裹着铁凝胶和 AFm，形成了赤泥道路硅酸盐水泥特有的水化结构。赤泥道路硅酸盐水泥水化 XRD 分析未分析出铁相水化的原因是铁相水化生成的大量铁凝胶主要呈凝胶状，结晶程度差。

5.7 本章小结

本章在对烧结法赤泥进行脱碱的基础上，将脱碱烧结法赤泥作为铁质原料大掺量应用于道路硅酸盐水泥的制备中，主要研究了赤泥的掺加对道路硅酸盐水泥的易烧性、矿物组成、矿物微观结构、物理力学性能和放射性的影响，并在此基础上研究了赤泥道路硅酸盐水泥的矿物形成过程和水化特性，得出如下结论：

（1）赤泥作为铁质原料配料时，由于其含有大量的颗粒较细、活性较高的

$CaCO_3$ 以及 Na、K、S 等微量组分，可以明显增强道路硅酸盐水泥的易烧性。赤泥道路硅酸盐水泥的率值应采用低石灰饱和系数配料，在 1400℃ 时就能烧出理想的熟料。

（2）采用 KH 为 0.90%、SM 为 1.82%、IM 为 0.96%，在赤泥掺量为 26% 的情况下可以制备出 3d 和 28d 抗压和抗折强度分别为 6.27MPa、27.4MPa 和 8.45MPa、55.30MPa 的道路硅酸盐水泥，其熟料中总碱含量（$Na_2O+0.658K_2O$）为 0.83%，矿物组成符合国家标准 GB/T 13693—2017《道路硅酸盐水泥》中对矿物组成的要求。

（3）在赤泥道路硅酸盐水泥的煅烧过程中，较少量的赤泥掺量的增加可以增加烧结体系中的碱含量，少量的碱可以使烧结体系的液相量增加，起助融作用，有利于 C_3S 晶体的形成和生长。但是赤泥掺量过大会造成成熟料煅烧过程中液相量过大，液相黏度增加，煅烧体系中晶体的生长速度大于成核速度，C_2S 来不及吸收 CaO 进一步形成 C_3S。同时，赤泥掺量的增加会使烧结体系中的碱含量过高，K_2O 和 Na_2O 取代 CaO 形成碱化合物的同时析出 CaO，使 C_2S 难以再吸收 CaO 形成 C_3S，不利于 C_3S 生成。

（4）赤泥道路硅酸盐水泥的主要矿物组成为六方板状和柱状的 C_3S、少量椭圆状 C_2S、大量的叶片状和蜂窝状的 C_4AF，其中 C_4AF 的含量随着赤泥掺量的增加而增加。

（5）赤泥道路硅酸盐水泥的放射性随赤泥掺量的增加而增加。当赤泥掺量为 26% 时，熟料的内、外照射指数分别为 0.68 和 0.93，虽然满足 GB 6566—2010《建筑材料放射性核素限量》中对 A 类建筑材料的要求，但是外照指数与限值比较接近。赤泥道路硅酸盐水泥的耐磨性优于普通硅酸盐水泥。

（6）赤泥道路硅酸盐水泥熟料的主要矿物相为 C_3S、C_2S 和 C_4AF。其中 C_4AF 开始形成的温度为 900～1000℃，大量形成的温度为 1200～1300℃；烧结系统的液相开始形成的温度为 1200～1300℃，液相量达到最大的温度为 1300～1400℃。适当的保温时间有利于提高赤泥道路硅酸盐熟料中 C_3S 和 C_4AF 的含量。由于赤泥道路硅酸盐中 Al 的配入量低，造成熟料中没有出现显著的 C_3A 相。赤泥的掺入对道路硅酸盐水泥熟料的烧成过程没有造成显著的不利影响。

（7）赤泥道路硅酸盐水泥的强度主要由 $Ca(OH)_2$、水化硅酸钙和水化硫铝酸钙形成的致密结构提供。网络状凝胶包裹着铁凝胶和 AFm，形成了赤泥道路硅酸盐水泥特有的水化结构。赤泥道路硅酸盐水泥中的铁相主要是低铝铁相，低铝铁相水化形成的铁凝胶使赤泥道路硅酸盐水泥具有优良的耐磨的原因。

6 赤泥道路硅酸盐水泥放射性变化规律及屏蔽技术研究

赤泥由于含有微量的放射性元素（^{226}Ra、^{232}Th 和^{40}K）而被定义为危险废弃物。人和动物长期暴露于大剂量辐射之下细胞会受到某种损伤。人体如果在400rad 辐射下，大约 5％会出现死亡现象，在 650rad 辐射下，几乎会全部死亡，虽然在 150rad 低剂量辐射下不会出现死亡现象，但这并非意味着人体就绝对的安全，往往历经 20 年的辐射之后，不良症状仍会表现出来，潜在的危害是人类的无形杀手。放射性能够损伤人类遗传物质，导致所谓的基因突变及染色体变异，使一代乃至几代人受害。因此，对赤泥应用产品的安全性评估是至关重要的。本章在赤泥道路硅酸盐水泥制备的基础上研究了放射性元素在赤泥道路硅酸盐水泥熟料形成过程中的富集迁徙机制，以及赤泥道路水泥水化过程中放射性的变化规律，并在此基础上研究了在制备赤泥道路混凝土的过程中添加放射性吸收屏蔽物质对其放射性的影响，为赤泥道路硅酸盐水泥的安全应用奠定理论基础。

6.1 原材料和检测方法

6.1.1 原材料

（1）赤泥道路硅酸盐水泥

在赤泥掺量最大的原则下，本章研究的道路硅酸盐水泥为第 5 章中介绍的赤泥掺量为 26％的 SM2 组水泥，其熟料化学组成见表5-6，物理力学性能见表5-8，放射性见表5-9。

（2）化学试剂

蔗糖和 KOH 为天津恒兴化学试剂制造有限公司生产的分析纯化学试剂。

（3）其他原料

重晶石：来自灵寿县中宇建材厂，事先破碎过筛，分出三种细度（细度 1 在0.2mm 以下，细度 2 为 0.5～1.0mm，细度 3 为 1.5～2.0mm）烘干备用。

沸石：来自巩义市恒鑫滤料厂，事先破碎过筛，分出三种细度（细度 1 在0.2mm 以下，细度 2 为 0.5～1.0mm，细度 3 为 1.5～2.0mm）烘干备用。

高铝水泥：来自河南豫顺合成炉料有限公司。

标准砂：厦门艾思欧 ISO 标准砂。

水：自来水。

其中，重晶石、沸石和高铝水泥的化学组成见表 6-1，重晶石、沸石、高铝水泥和标准砂的放射性检测结果见表 6-2。

表 6-1　部分原材料的化学组成

试样	SiO_2	Al_2O_3	Fe_2O_3	CaO	MgO	TiO_2	K_2O	Na_2O	SO_3	BaO	CO_2	B_2O_3
重晶石	4.14	0.20	0.19	1.91	0.09	—	0.01	0.40	29.63	55.21	6.91	—
沸石	72.11	20.16	1.27	0.77	0.12	0.06	0.19	0.05	0.21	—	4.61	0.27
高铝水泥	9.27	43.07	2.32	37.13	0.57	2.22	0.52	0.10	0.58	—	3.65	—

表 6-2　部分原材料的放射性检测结果

试样	^{226}Ra 放射性比活度 （Bq/kg）	^{232}Th 放射性比活度 （Bq/kg）	^{40}K 放射性比活度 （Bq/kg）	I_{Ra}	I_r	总比活度 （Bq/kg）
重晶石	20.9	18.1	0.0	0.10	0.13	39.0
沸石	36.0	38.9	0.0	0.18	0.25	75.9
高铝水泥	42.1	27.5	231.4	0.21	0.27	301.0
砂	19.3	17.5	0.0	0.97	0.12	36.8

6.1.2　检测和试验方法

（1）X 射线衍射分析

为了研究赤泥道路硅酸盐水泥硅酸盐相萃取结果，试验采用 XRD 对熟料和萃取样进行 XRD 分析。仪器采用天津城建大学绿色墙体材料中心的 Uitima Ⅳ 型 X 射线衍射仪。

（2）熟料矿物相及微组分的扫描电镜和微区分析（SEM-EDS）

为了研究赤泥道路硅酸盐水泥熟料中放射性元素的赋存状态，对熟料矿物的微观形貌采用 Quanta-200FEG 型场发射扫描电镜进行微观形貌观察和微区分析。

（3）放射性检测

根据 GB 6566—2010《建筑材料放射性核素限量》规定，用于建筑主体材料中天然放射性核素比活度应具有最高限值，否则不可直接用于建筑材料。为了具体了解赤泥样本放射性指数的具体数值范围，分别对赤泥样品进行了放射性的测试。测试采用 42-P11720A 型 HPGe γ 谱仪（GEM60），仪器的分辨率为 2.1keV，在 50～3000keV 能量范围内，积分本底计数率为 120min^{-1}。通常情况下，由于赤泥存放时间一般偏长，认为其中 ^{226}Ra 与其短半衰期子体、^{232}Th 与其子体达到放射性平衡。试验中通过测定其 γ 射线来确定它们的比活度。测定时间为 20000s，内照射指数 I_{Ra} 和外照射指数 I_r 的计算见式（2-1）和式（2-2）。

（4）赤泥道路硅酸盐水泥中硅酸盐相的萃取试验

取 5.0g 粉磨至细度小于 8μm 的 SM2 组熟料，根据选择性溶解原理，采用蔗糖-KOH 溶液萃取硅酸盐相：在 500mL 烧杯中加入 300mL 蒸馏水，加热至 95℃，不断搅拌，并依次加入 30g 蔗糖、30gKOH 和 5g 磨细的水泥熟料，在 95℃下持续搅拌 30min 后，用慢速滤纸和布氏漏斗进行真空抽滤，并对残渣用无水乙醇反复洗涤后，转移至表面皿上并在 80℃下烘干至恒重，即得到硅酸盐矿物相（C_xS），密封保存。反复进行上述操作，取得硅酸盐相 200g。其中赤泥道路硅酸盐水泥熟料和萃取的硅酸盐萃取相 C_xS 的 XRD 图谱如图 6-1 所示。从图中可以看出赤泥道路硅酸盐水泥的中间相主要是 C_4AF，分离后的硅酸盐矿物相 C_xS 中已没有中间相 C_4AF 的衍射峰。

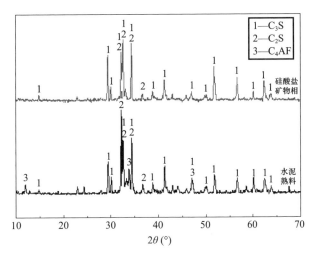

图 6-1　赤泥道路硅酸盐水泥熟料和硅酸盐萃取相 C_xS 的 XRD 图谱

（5）赤泥道路硅酸盐水泥放射性屏蔽试验

强度测试利用不同细度的重晶石（细度 1 在 0.2mm 以下，细度 2 为 0.5～1.0mm，细度 3 为 1.5～2.0mm）取代不同量（0、10%、20% 和 30%）的 ISO 标准砂，不同细度的沸石（细度 1 在 0.2mm 以下，细度 2 为 0.5～1.0mm，细度 3 为 1.5～2.0mm）取代不同量（0、5%、10% 和 15%）的 ISO 标准砂，高铝水泥取代不同量（0、2.5%、5%、7.5% 和 10%）的赤泥道路硅酸水泥，按照 GB/T 17671—2021《水泥胶砂强度检测方法（ISO 法）》对制备出的赤泥道路硅酸盐水泥砂浆进行水泥胶砂强度检测，其中水灰比为 0.5，胶砂质量比为 1∶3。

放射性检测则是对强度测试中的各试验组依据 JGJ/T 70—2009《建筑砂浆基本性能试验方法标准》做成 40mm×40mm×40mm 的试块，成型试件先在空气中养护 27h 脱模后，再在温度为 20℃、湿度为 90％的环境下进行养护，到规定龄期 28d 后，利用湖北文华测控设备制造有限公司生产的 FP90041B 型低本底多道 γ 能谱仪对该水泥砂浆试块进行 ^{226}Ra、^{232}Th、^{40}K 放射性比活度的测定。

6.2　放射性元素在赤泥道路硅酸盐水泥熟料中的分布规律

赤泥道路硅酸盐水泥熟料和从赤泥道路硅酸盐水泥中分离出来的硅酸盐相的放射性比活度测量结果见表 6-3。赤泥道路硅酸盐水泥的 SEM 面扫描结果如图 6-2所示。

表 6-3　赤泥道路硅酸盐水泥熟料（Clinker）和硅酸盐矿物相（C$_x$S）的放射性测量结果

试样	^{226}Ra 放射性比活度 (Bq/kg)	^{232}Th 放射性比活度 (Bq/kg)	^{40}K 放射性比活度 (Bq/kg)	I_{Ra}	I_r	总比活度 (Bq/kg)
水泥熟料	136.3	126.2	309.1	0.68	0.93	571.6
硅酸盐矿物相	311.1	91	58.1	1.6	1.2	460.2

由表 6-3 可见，萃取出的赤泥道路水泥硅酸盐相与赤泥道路硅酸盐水泥熟料相比，^{226}Ra 的放射性比活度增加了 174.8Bq/kg，^{232}Th 的放射性比活度减少了 35.2Bq/kg，^{40}K 的放射性比活度有大幅降低。这说明在赤泥道路硅酸盐水泥熟料中，^{226}Ra 主要分布在硅酸盐矿物相中，^{232}Th 在中间相中的分布相对多一些，而 ^{40}K 则主要分布在赤泥道路硅酸盐水泥的中间相中。

这主要是因为：①Ra 是典型的碱土金属元素，与 Ca 和 Ba 属于同一族元素，它们的化学性质极为相似，Ba 主要以类质同晶取代 Ca 的方式固溶于贝利特中。以此类推，Ra 也很可能与 Ba 一样以类质同晶取代 Ca 的方式固溶于贝利特中，存在于赤泥道路硅酸盐水泥熟料的硅酸盐矿物相中。②Th 只有＋4 价这一种价态，即使在氧化环境中也很稳定，由于大多数的钍盐都难溶于水，导致钍在自然界中很难发生迁移。但是在风化过程中，Th 可以以吸附在氧化铁上的形式进行迁移。图 6-2 对赤泥道路硅酸盐水泥熟料的 XRD 分析结果表明，C$_4$AF 是赤泥道路硅酸盐水泥的主要中间相。图 6-2 中铁元素在赤泥道路硅酸盐水泥中的分布图也说明铁元素主要分布在赤泥道路硅酸盐水泥熟料的中间相中。因此，在赤泥道路硅酸盐水泥熟料煅烧过程中，一部分 Th 可能会以吸附在氧化铁上的形式迁移，随氧化铁一起形成铁相固溶体，分布在中间相中，造成 Th 在赤泥道路硅酸水泥熟料中间相中的分布相对多一些。③在赤泥道路硅酸盐水泥的煅烧过程中大部分的 K 与 S 结合生成硫酸盐分布在中间相中，少量的 K 固溶在硅酸盐矿物中，从而导致 K 主要分布在赤泥道路硅酸盐水泥的中间相中。

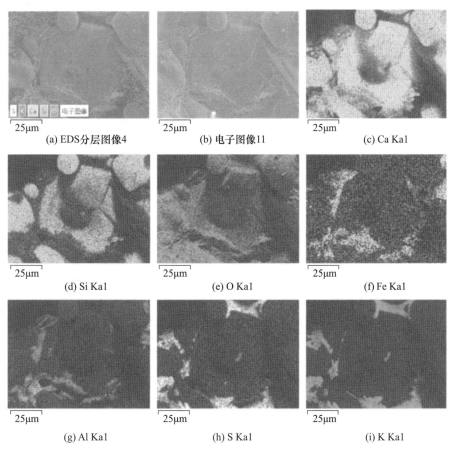

图 6-2　赤泥道路硅酸盐水泥 SEM 面扫描元素分布照片（×1000）

从图 6-2 中还可以看出，赤泥道路硅酸盐水泥熟料中的 Ra 和 Th 由于在熟料中的含量过低，无法扫描出元素分布，需要借助其他方法进一步研究。

6.3　水化前后赤泥道路硅酸盐水泥放射性变化规律

6.3.1　煅烧对赤泥道路硅酸盐水泥放射性的影响

SM2 组赤泥道路硅酸盐水泥生料及熟料的放射性比活度测定结果见表 6-4。

表 6-4 SM2 赤泥道路硅酸盐水泥生料及熟料放射性测定结果

试样	^{226}Ra 放射性比活度 (Bq/kg)	^{232}Th 放射性比活度 (Bq/kg)	^{40}K 放射性比活度 (Bq/kg)	I_{Ra}	I_r	总比活度 (Bq/kg)
SM2 生料	75.7	81.5	332.6	0.38	0.60	489.8
SM2 熟料	136.3	126.2	309.1	0.68	0.93	571.6

由表 6-4 可见,赤泥道路硅酸盐水泥生料经 1400℃煅烧成水泥熟料后,^{226}Ra 和 ^{232}Th 的放射性比活度分别增加了 60.6Bq/kg 和 44.7Bq/kg,主要在于生料烧成熟料的过程中,一方面发生了干燥和脱水、碳酸盐的分解等一系列物理化学变化,整个过程烧失量很大,使 ^{226}Ra 和 ^{232}Th 在熟料中出现了富集浓缩,对 ^{226}Ra 和 ^{232}Th 的放射性比活度有一个增加效应;另一方面放射性核素被不断高温固溶于水泥熟料矿物相中,对 ^{226}Ra 和 ^{232}Th 的放射性比活度有一个减小效应,增加效应大于减小效应,综合起来表现为 ^{226}Ra 和 ^{232}Th 放射性比活度的增加。而 ^{40}K 的放射性比活度却出现了下降,由原来的 332.6Bq/kg 降低到 309.1Bq/kg,主要在于 K 属于碱金属元素,在高温下会发生挥发,^{40}K 从固相转移到气相中,加之有一部分被高温固溶于水泥熟料矿物相中,所以即使烧失量很大,烧得熟料 ^{40}K 的放射性比活度依然低于生料。

由此可见,赤泥道路硅酸盐水泥生料经过煅烧制成水泥熟料后,^{226}Ra 和 ^{232}Th 的放射性比活度出现了增加,^{40}K 的放射性比活度出现了下降。

6.3.2 水化龄期对赤泥道路硅酸盐水泥放射性的影响

SM2 组赤泥道路硅酸盐水泥和不同水化龄期的赤泥道路硅酸盐水泥净浆试块的放射性比活度测量结果见表 6-5。

表 6-5 赤泥道路硅酸盐水泥不同水化龄期放射性比活度检测结果

试样	水化龄期	^{226}Ra 放射性比活度 (Bq/kg)	^{232}Th 放射性比活度 (Bq/kg)	^{40}K 放射性比活度 (Bq/kg)	I_{Ra}	I_r	总比活度 (Bq/kg)
未水化赤泥道路硅酸盐水泥	—	128.3	118.8	295.3	0.64	0.87	542.4
赤泥道路硅酸盐水泥净浆试块	1d	75.2	88.4	274.9	0.38	0.61	438.5
	3d	78.4	89.3	182.8	0.39	0.60	350.5
	7d	98.4	84.7	135.6	0.50	0.62	318.7
	28d	99.2	86	<15	0.50	0.60	185.2

从表6-5可以看出，赤泥道路硅酸盐水泥的内、外照指数分别为0.64和0.87，符合GB 6566—2010《建筑材料放射性核素限量》中对建筑材料的放射性要求。水化1d的赤泥道路硅酸盐水泥与未水化的赤泥道路硅酸盐水泥相比，^{226}Ra、^{232}Th和^{40}K的放射性比活度均有大幅度的降低，内照指数和外照指数也由未水化时的0.64和0.87降低到水化后的0.38和0.61，可能是由于水泥水化1d后相较于没有水化前形成了致密的结构（图6-3），将^{226}Ra、^{232}Th、^{40}K放出的射线固结包裹在水化体中，固结包裹对比活度的降低效果大于水泥水化时^{226}Ra、^{232}Th、^{40}K从熟料矿物相释放到浆体中所引起的放射性增加效果。

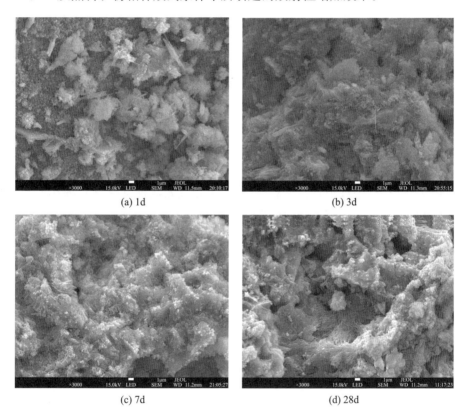

图6-3　赤泥道路硅酸盐水泥净浆水化扫描电镜照片（×3000）

从表6-5中还可以看出，随着水化龄期的延长，^{226}Ra的放射性比活度一直升高，^{232}Th的放射性比活度变化不大，^{40}K的放射性比活度却不断降低。上述试验结果是水泥发生水化时矿物相中核素离子不断释放引起核素放射性比活度增加与不断密实的水泥石结构（图6-3）形成固化包裹核素离子引起核素放射性比活度减小共同作用的结果。^{226}Ra的放射性比活度不断增加可能是由于水化结构的形成对^{226}Ra的固化包裹能力比较弱，在整个水化28d龄期内始终小于矿物相中^{226}Ra释放到水化浆体中所引起的放射性比活度的增加，^{232}Th的放射性比活度基本保持不变可能是由于水化结构的形成对^{232}Th 的固化包裹引起放射性比活度的减小效果，与矿物相中^{232}Th 释放到水化浆体中所引起的放射性比活度的增加效果相当，^{40}K 的放射性比活度不断减小可能是由于矿物相中^{40}K 释放引起的放射性比活度增加效果在整个水化 28d 龄期内始终小于^{40}K 的固化包裹所引起的放射性比活度减小效果。

6.4 赤泥道路硅酸盐水泥放射性屏蔽技术研究

实际消纳赤泥废渣的工业中，人们往往期望一方面能够消耗大量的废渣赤泥，另一方面所制得的建筑材料制品放射性又不会太高，因此有效进行赤泥基建材的放射性屏蔽就显得特别突出和重要。国内外对利用重晶石、铁矿石、沸石、高铝水泥等物质来进行水泥砂浆混凝土放射性屏蔽技术及屏蔽机理一系列的研究，但同时考虑掺加屏蔽物后强度和放射性屏蔽效果的研究并不多，涉及屏蔽物质掺量和细度对核素放射性比活度屏蔽效果，特别是^{226}Ra、^{232}Th、^{40}K 放射性比活度屏蔽效果的研究更是少见。为此，本节分别以单掺重晶石、单掺沸石和单掺高铝水泥作为屏蔽物质开展这方面的研究，最后进行复掺屏蔽试验，并对各种物质的放射性屏蔽机理进行研究。由于赤泥道路硅酸盐水泥仅应用于野外道路，本节主要研究外掺放射性屏蔽物质对其外照指数的影响。

6.4.1 单掺重晶石对赤泥道路硅酸盐水泥强度和放射性的影响

1. 重晶石细度与掺量对赤泥道路硅酸盐水泥强度的影响

重晶石的细度与掺量对赤泥道路硅酸盐水泥砂浆强度的影响如表 6-6 和图 6-4 所示。

表 6-6　重晶石的细度与掺量对赤泥道路硅酸盐水泥砂浆强度的影响

试样	重晶石取代砂量（%）	细度 1		细度 2		细度 3	
		28d 抗压强度（MPa）	28d 抗折强度（MPa）	28d 抗压强度（MPa）	28d 抗折强度（MPa）	28d 抗压强度（MPa）	28d 抗折强度（MPa）
1	0	53.2	8.45	53.2	8.45	53.2	8.45
2	10	42.3	8.37	43.3	8.17	44.6	8.03
3	20	41.2	7.66	42.8	7.92	44.0	6.53
4	30	38.6	7.28	40.4	7.73	41.3	6.52

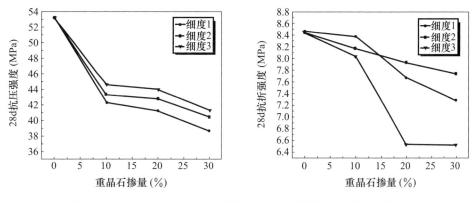

图 6-4　重晶石细度和掺量对道路硅酸盐水泥砂浆 28d 强度的影响

从表 6-6 和图 6-4 抗压和抗折强度可以看出，对于细度 1、细度 2 和细度 3 的重晶石取代砂，无论取代量是多少，试块的 28d 抗压和抗折强度均下降。这是因为重晶石的莫氏硬度为 4～4.5，而石英砂的莫氏硬度为 7，采用机械方法将重晶石处理至石英砂的细度时，必然会造成重晶石中粒度较小的颗粒较多，在水泥砂浆中取代石英砂后粒度较小的集料变多，使水泥砂浆试块具有相对较低的抗压和抗折强度。从上述图表还可以看出，当重晶石取代砂量相同时，参与取代的重晶石粒度越大，相应的 28d 抗压强度越高。

2. 重晶石的细度与掺量对赤泥道路硅酸盐水泥砂浆放射性的影响

重晶石的细度与掺量对赤泥道路硅酸盐水泥砂浆放射性的影响如表 6-7、图 6-5 所示。其中 D 组为对照组，Z11 表示用细度 1 的重晶石取代 10% 的标准砂，Z23 表示用细度 2 的重晶石取代 30% 的标准砂，以此类推。

表 6-7　重晶石的细度与掺量对赤泥道路硅酸盐水泥砂浆放射性的影响

试样	^{226}Ra 放射性比活度 （Bq/kg）	^{232}Th 放射性比活度 （Bq/kg）	^{40}K 放射性比活度 （Bq/kg）	I_{Ra}	I_r	总比活度 （Bq/kg）	屏蔽率 （%）
D	36.4	48.4	<15	0.18	0.28	84.8	—
Z11	28.7	36.5	<15	0.14	0.22	65.2	23.1
Z12	27.2	30.4	<15	0.14	0.19	57.6	32.1
Z13	26.5	30.1	<15	0.13	0.19	56.6	33.3
Z21	29.8	40.7	<15	0.15	0.24	70.5	16.9
Z22	28.6	34.1	<15	0.14	0.21	62.7	26.1
Z23	27.4	31.4	<15	0.14	0.19	58.8	30.7

续表

试样	^{226}Ra 放射性比活度（Bq/kg）	^{232}Th 放射性比活度（Bq/kg）	^{40}K 放射性比活度（Bq/kg）	I_{Ra}	I_r	总比活度（Bq/kg）	屏蔽率（%）
Z31	33.1	45.7	<15	0.17	0.27	78.8	7.1
Z32	31.4	44.8	<15	0.16	0.26	76.2	10.1
Z33	30.6	41.6	<15	0.15	0.24	72.2	14.9

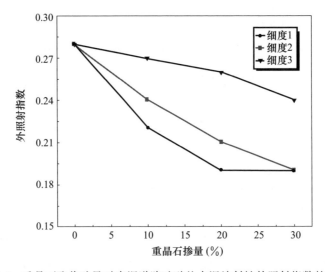

图 6-5　重晶石取代砂量对赤泥道路硅酸盐水泥放射性外照射指数的影响

从表 6-7 和图 6-5 可以看出，随着相同细度重晶石取代砂量的增加，试块的内照射指数、外照射指数、放射性总比活度均出现了下降，放射性屏蔽率均出现了增加。对照组的内照射指数、外照射指数、放射性总比活度分别为 0.18、0.28、84.8Bq/kg，细度 1 重晶石取代 10％的砂后，内照射指数、外照射指数、放射性总比活度降低到 0.14、0.22、65.2Bq/kg，此时放射性屏蔽率为 23.1％，当砂的取代量增加到 20％时，外照指数降为 0.19，砂的取代量进一步增加到 30％时，外照指数基本不变。对于细度 2 和细度 3 重晶石取代砂，随着取代量的增加，外照指数逐渐下降。由此可见，当粒度不变时，屏蔽物重晶石的掺量越大，其对赤泥道路硅酸盐水泥砂浆的放射性屏蔽效果越好。从上述图表还可以看出，当掺量不变时，屏蔽物重晶石的粒度越小，其对赤泥道路硅酸盐水泥砂浆的放射性屏蔽效果越好。

3. 重晶石放射性屏蔽机理

赤泥道路硅酸盐水泥试样中的^{226}Ra、^{232}Th、^{40}K 放出的射线透过重晶石层时，会与重晶石层中的重金属元素 Ba 发生光电效应、电子对效应或者是康普顿效应，射线的能量要么被完全吸收，要么被部分吸收，最后射线粒子会改变它们原来的运动方向，具有原来特性的射线就不再存在。^{226}Ra、^{232}Th、^{40}K 内部发出的射线经外部重晶石层阻挡屏蔽被不断地削弱减少，重晶石的掺量越高，发生上述效应的概率越大，对射线的阻挡也就越大，重晶石的细度越小，比表面积越大，与射线的接触面积就越大，对射线的屏蔽能力也就越强。因此，重晶石中的 Ba 原子与射线作用产生的康普顿效应、电子对效应或光电效应是其能做防辐射外掺料的根本原因。

6.4.2 单掺沸石对赤泥道路硅酸盐水泥砂浆强度和放射性的影响

1. 沸石的细度与掺量对赤泥道路硅酸盐水泥砂浆强度的影响

沸石的细度与掺量对赤泥道路硅酸盐水泥砂浆强度的影响如表 6-8 和图 6-6 所示。

表 6-8　沸石的细度与掺量对赤泥道路硅酸盐水泥砂浆强度的影响

试样	沸石取代砂量（％）	细度 1		细度 2		细度 3	
		28d 抗压强度（MPa）	28d 抗折强度（MPa）	28d 抗压强度（MPa）	28d 抗折强度（MPa）	28d 抗压强度（MPa）	28d 抗折强度（MPa）
1	0	53.2	8.45	53.2	8.45	53.2	8.45
2	5	44.5	8.34	43.6	8.70	41.2	6.82
3	10	49.3	8.69	46.9	7.93	43.1	7.24
4	15	51.5	8.63	46.0	7.31	45.9	7.49

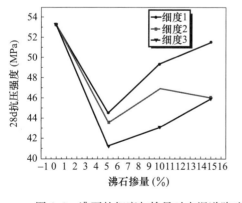 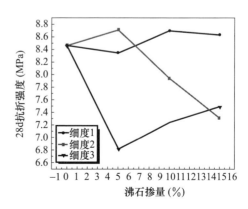

图 6-6　沸石的细度与掺量对赤泥道路硅酸盐水泥砂浆 28d 抗压和抗折强度的影响

从图 6-6 和表 6-8 的 28d 抗压强度可以看出，细度 1、细度 2 和细度 3 的沸石代替砂后抗压强度均出现了先下降后升高的趋势。这是因为，砂属于脆性材料，沸石是由开放性较大的硅氧、铝氧四面体组成的一种架状硅酸盐结构，总体积的 50% 以上是小孔穴和通道，沸石的强度很低，当用粒度较小的沸石去全取代砂时，取代后脆性材料砂变少，具有较低的抗压强度，取代量越多，抗压强度越低。当用粒度较大的沸石去全取代砂时，取代后虽然脆性材料变少，但整体上集料粒径较大的部分变多，能够弥补损失的强度，造成抗压强度又上升。

从上述图表的 28d 抗折强度可以看出，随着细度 1 沸石和细度 3 沸石取代砂量的增加，试块的 28d 抗折强度先略微增加，后又急剧下降。随着细度 2 沸石取代砂量的增加，试块的 28d 抗折强度出现先增加后减小的现象，这是由于沸石取代部分砂后，制作试块时砂浆的稠度变大，且沸石特殊的结构能够吸收和保持大量的水分，改变成型时砂浆的水灰比，这些水分有一部分随水泥的水化而被消耗，另一部分仍停留在沸石孔道内。此外，沸石具有极大的表面积，能够吸附水化产物进入并包裹住其表面，使强度变化规律更加复杂。

2. 沸石的细度与掺量对赤泥道路硅酸盐水泥砂浆放射性的影响

沸石的细度与掺量对赤泥道路硅酸盐水泥砂浆放射性的影响如表 6-9 和图 6-7所示。其中 D 组为对照组，F21 表示用细度 2 的沸石取代 10% 的标准砂，F32 表示用细度 3 的沸石取代 20% 的标准砂，以此类推。

表 6-9　沸石的细度与掺量对砂浆放射性的影响

试样	^{226}Ra 放射性比活度 (Bq/kg)	^{232}Th 放射性比活度 (Bq/kg)	^{40}K 放射性比活度 (Bq/kg)	I_{Ra}	I_r	总比活度 (Bq/kg)	屏蔽率 (%)
D	36.4	48.4	<15	0.18	0.28	84.8	—
F11	31.7	43.0	<15	0.16	0.25	74.7	11.9
F12	30.2	40.7	<15	0.15	0.24	70.9	16.4
F13	29.5	39.1	<15	0.15	0.23	68.6	19.1
F21	32.3	43.5	<15	0.16	0.25	75.8	10.6
F22	31.5	42.7	<15	0.16	0.25	74.2	12.5
F23	30.6	41.7	<15	0.15	0.24	72.3	14.7
F31	33.8	44.3	<15	0.17	0.26	78.1	7.9
F32	32.7	43.9	<15	0.16	0.26	76.6	9.7
F33	31.4	42.3	<15	0.16	0.25	73.7	13.1

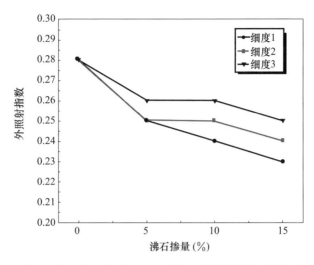

图 6-7　沸石取代砂量对赤泥道路硅酸盐水泥放射性外照射指数的影响

从图 6-7 和表 6-9 可以看出，沸石取代砂量对放射性总比活度和放射性屏蔽率的影响指数、外照射指数、放射性总比活度均出现了下降，放射性屏蔽率均出现了增加。对照组的内照射指数、外照射指数、放射性总比活度分别为 0.18、0.28、84.8Bq/kg，细度 1 沸石取代 5% 的砂后，内照射指数、外照射指数、放射性总比活度降低到 0.16、0.25、74.7Bq/kg，此时放射性屏蔽率为 11.9%，当沸石取代砂量增加到 10% 时，放射性屏蔽率达到了 16.4%，沸石取代砂量进一步增加到 15% 时，放射性屏蔽率增加到 19.1%，此时试块外照射指数为 0.23，放射性总比活度为 68.6Bq/kg，对于细度 2 和细度 3 沸石取代砂，也有相同的规律。由此可以看出，当粒度相同时，屏蔽物沸石的掺量越高，放射性的屏蔽效果越好。

从上述图表还可以看出，当沸石掺量相同时，屏蔽物沸石的粒度越小，放射性的屏蔽效果越好。

3. 沸石的放射性屏蔽机理

沸石是一种由铝氧四面体和硅氧四面体组成的架状硅酸盐矿物，四面体之间以顶点相连接，而不能以边或面相连接，由于铝氧四面体整体上带负电荷，必须以碱金属或碱土金属来保持电中性，基于以上特殊的结构，沸石总体积的 50% 以上都是小孔穴和通道，具有很高的吸附性和离子交换性。

利用沸石来取代砂浆中的部分砂，随着水化的进行，原先游离于水泥浆体中的很多阳离子（包括重金属离子和核素离子）会被吸附到沸石的内部结构中产生富集团聚，游离于水泥浆体中的放射性核素减少，而被吸附于沸石内部的 ^{226}Ra、^{232}Th、^{40}K 放出的射线，一方面可以被团聚体上的重金属离子吸收消耗掉（团聚体相较于分散体，射线被屏蔽的概率明显增大），另一方面可以被水化浆体固结包裹于沸石内部。

　　内部的核素被沸石富集，屏蔽掉放出的射线，沸石的掺量越高，发生上述屏蔽的概率越大，对射线的阻挡也就越大，沸石的细度越大，比表面积也越大，与射线的接触面积也越大，对射线的屏蔽能力也就越强。此外相较于砂，沸石内部可吸收和保留大量的水分，水中的 H 原子是中子的良好屏蔽体，能够吸收^{226}Ra、^{232}Th、^{40}K 衰变放出的中子射线。沸石还含有一定量的轻元素——硼（表 6-1），天然硼的同位素有两种^{10}B 和^{11}B，^{10}B 对热中子的吸收截面达 3837b，俘获能谱宽，是普通混凝土的 50 多倍，对中子的吸收能力也很强，可以有效地屏蔽试样中放射性核素产生的中子射线。

　　因此，沸石独特结构所具有的吸附性和所含的少量硼原子是其能做防辐射外掺料的根本原因。

6.4.3　单掺高铝水泥对赤泥道路硅酸盐水泥砂浆强度和放射性的影响

1. 高铝水泥掺量对赤泥道路硅酸盐水泥砂浆强度的影响

高铝水泥的掺量对赤泥道路硅酸盐水泥砂浆强度的影响如表 6-10 和图 6-8 所示。

表 6-10　高铝水泥的掺量对赤泥道路硅酸盐水泥砂浆强度的影响

试样	高铝水泥取代水泥量（%）	28d 抗压强度（MPa）	28d 抗折强度（MPa）
1	0	53.2	8.45
2	2.5	50.6	8.02
3	5.0	43.1	7.95
4	7.5	36.8	8.09
5	10.0	31.8	7.36

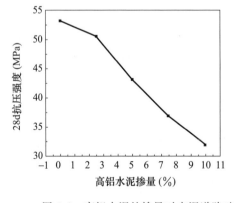
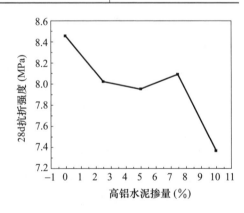

图 6-8　高铝水泥的掺量对赤泥道路硅酸盐水泥砂浆 28d 抗压和抗折强度的影响

从表 6-10 和图 6-8 的 28d 抗压强度可以看出，随着高铝水泥取代赤泥道路硅酸盐水泥量的增加，试块的 28d 抗压强度出现了下降，当高铝水泥取代量为 0 时，抗压强度为 53.2MPa，当高铝水泥取代量为 5％时，抗压强度减小到 43.1MPa，当高铝水泥取代量进一步增加到 10％时，抗压强度进一步减小到 31.8MPa。这是由于高铝水泥取代赤泥道路硅酸盐水泥后，高铝水泥的水化速度较快，水化早期凝结速度较快，造成水化后期强度降低。此外，在高铝水泥和赤泥道路硅酸盐水泥水化体系中会形成大量的钙矾石，钙矾石的膨胀也会引起水化体系的强度降低。

从上述图表的 28d 抗折强度可以看出，随着高铝水泥取代赤泥道路硅酸盐水泥量的增加，试块的 28d 抗折强度基本呈现出先降低，再增加然后降低的趋势，当高铝水泥取代量为 0 时，抗折强度为 8.45MPa，当高铝水泥取代量为 5％时，抗折强度为 7.95MPa，当高铝水泥取代量进一步增加到 10％时，抗折强度为 7.36MPa，这是由于高铝水泥水化的产物中没有 $Ca(OH)_2$ 和 C-S-H 凝胶，而是水化形成六方片状 CAH_{10} 和六方片状晶体 C_2AH_8，这样会导致加入高铝水泥后，赤泥道路硅酸盐水泥的抗折强度出现整体下降的趋势。

2. 高铝水泥掺量对赤泥道路硅酸盐水泥砂浆放射性的影响

高铝水泥的掺量对赤泥道路硅酸盐水泥砂浆放射性的影响见表 6-11。其中 D 组为对照组，G2 用掺量 5％的高铝水泥取代 5％的赤泥道路硅酸盐水泥，以此类推。

从表 6-11 可以看出，当高铝水泥取代赤泥道路硅酸盐水泥量在 5％以内时，试块的内照射指数和外照射指数和放射性总比活度一直都在减小，放射性屏蔽率也一直在增加，当取代量为 5％时，放射性总比活度减小到 75.1Bq/kg，放射性屏蔽率增加到 11.4％，内、外照射指数分别为 0.16、0.25，明显比对比试块低。这是由于，高铝水泥的水化产物能够屏蔽一部分放射性。

表 6-11 高铝水泥掺量对赤泥道路硅酸盐水泥砂浆放射性的影响

试样	^{226}Ra 放射性比活度 (Bq/kg)	^{232}Th 放射性比活度 (Bq/kg)	^{40}K 放射性比活度 (Bq/kg)	I_{Ra}	I_r	总比活度 (Bq/kg)	屏蔽率 (％)
D	36.4	48.4	<15	0.18	0.28	84.8	—
G1	33.5	43.2	<15	0.17	0.26	76.7	9.6
G2	32.7	42.4	<15	0.16	0.25	75.1	11.4
G3	31.3	42.2	<15	0.16	0.25	73.5	13.3
G4	29.5	40.3	<15	0.15	0.23	69.8	17.7

3. 高铝水泥放射性屏蔽机理

与普通水泥水化产物相比，高铝水泥水化产物中有更多的 C-A-H，C-A-H

与 C-S-H 相比，相当于 Al 位取代了 Si 位，取代后凝胶具有很强的离子交换和吸附能力，原先游离于水泥浆体中的很多阳离子（包括重金属离子和核素离子）会被吸附到凝胶表面，产生富集团聚，被吸附于凝胶表面的^{226}Ra、^{232}Th、^{40}K 放出的射线，可以与团聚体上的重金属离子产生屏蔽效应从而被吸收消耗掉能量（团聚体相较于分散体，射线被屏蔽的概率明显增大）。此外，高铝水泥的水化产物含有很多的结晶水，水中的 H 原子是中子的良好屏蔽体，能够吸收^{226}Ra、^{232}Th、^{40}K 衰变放出的中子射线，从这一点来讲，高铝水泥可用来制作防辐射砂浆。因此，高铝水泥独特的水化产物是其能做防辐射外掺料的根本原因。

6.4.4 重晶石、沸石及高铝水泥复掺放射性屏蔽

1. 重晶石和沸石细度的确定

从上面的结论可知，试块的 28d 抗压和抗折强度随着任一细度的重晶石的掺加而降低。当粒度不变时，屏蔽物重晶石的掺量越高，其对赤泥道路硅酸盐水泥砂浆的放射性屏蔽效果越好。当掺量不变时，屏蔽物重晶石的粒度越小，其对赤泥道路硅酸盐水泥砂浆的放射性屏蔽效果越好。细度 1 和细度 3 的沸石代替砂后抗压强度均出现了先下降后升高的趋势。当粒度相同时，屏蔽物沸石的掺量越高，其对赤泥道路硅酸盐水泥砂浆的放射性屏蔽效果越好。当掺量相同时，屏蔽物沸石的粒度越小，其对赤泥道路硅酸盐水泥砂浆的放射性屏蔽效果越好。

最终要得到 28d 强度高、放射性又低的配方，综合考虑，选取细度 3 的重晶石、细度 1 的沸石进行复掺放射性屏蔽试验。

2. 正交试验确定重晶石、沸石和高铝水泥的复掺配方

为满足试块强度高、放射性低的特点，要对原始配方进行配方试验。为此需检验 3 项指标：放射性屏蔽率、28d 抗压强度、28d 抗折强度，这三个指标均为越大越好。根据前面的试验结果，配方中砂的取代有 3 个重要的因素：高铝水泥取代赤泥道路硅酸盐水泥量、沸石取代砂量和重晶石取代砂量，它们各选 3 个水平，具体水平选取数据见表 6-12。要做出试验分析，找出最好的配方方案。本试验的因子组合见表 6-12。

表 6-12　因子组合

水平	因素		
	高铝水泥 A	沸石 B	重晶石 C
1	1	5	10
2	3	10	20
3	5	15	30

  这是一个三水平三因素的正交试验问题，应选用正交表 L9 （34）来安排试验。分别在表格的前三列放入 3 个因素高铝水泥 A、沸石 B、重晶石 C，第 4 列进行舍去不要，将各列的水平值与该列对应因子的因素对照起来，得到一张具体的试验方案表。依据表中配方进行试验，测出需要检验指标的结果：28d 抗压、抗折强度和放射性屏蔽率，列在表 6-13 中，然后用直观分析法对每个指标分别进行数据计算分析，所得结果如表 6-13 所示。

表 6-13 正交试验数据

因素		1	2	3	各指标的试验结果				
					放射性屏蔽			强度	
试验号		A	B	C	当量比活度（Bq/kg）	屏蔽量（Bq/kg）	屏蔽率（%）	28d 抗压（MPa）	28d 抗折（MPa）
1		0	0	0	84.8	0	0	53.2	8.45
2		1	1	1	63.5	21.3	25.1	58.7	8.53
3		1	2	2	56.4	28.4	33.5	58.5	8.30
4		1	3	3	47.7	37.1	43.7	63.3	8.24
5		2	1	2	57.0	27.8	32.8	53.4	7.68
6		2	2	3	50.5	34.3	40.5	66.5	9.17
7		2	3	1	59.2	25.6	30.2	63.4	8.56
8		3	1	3	54.3	30.5	36.0	59.3	7.67
9		3	2	1	61.4	23.4	27.6	58.2	7.85
10		3	3	2	52.2	32.6	38.5	58.6	8.45
放射性屏蔽	K1	102.3	93.9	82.9	按影响大小顺序为：C3B3A2				
	K2	103.5	101.6	104.8					
	K3	102.1	112.4	120.2					
	κ1	34.1	31.3	27.6					
	κ2	34.5	33.9	34.9					
	κ3	34.0	37.4	40.1					
	极差	0.5	6.1	12.5					
	优化方案	A2	B3	C3					
28d 抗压强度	K1	180.5	171.4	180.3	按影响大小顺序为：C3B3A2				
	K2	183.3	183.2	170.5					
	K3	176.1	185.3	189.1					
	κ1	60.2	57.1	60.1					
	κ2	61.1	61.1	56.8					
	κ3	58.7	61.8	63.0					
	极差	2.4	4.7	6.2					
	优化方案	A2	B3	C3					

续表

因素		1	2	3	各指标的试验结果
28d 抗折强度	K1	25.07	23.88	24.94	
	K2	25.41	25.32	24.43	
	K3	23.99	25.25	25.08	
	κ1	8.36	7.96	8.31	按影响大小顺序为：B2A2C3
	κ2	8.47	8.44	8.14	
	κ3	8.00	8.42	8.36	
	极差	0.47	0.48	0.22	
	优化方案	A2	B2	C3	

对比分析表 6-13 中的 3 个指标数据，得 2 个较佳配方：放射性屏蔽率及 28d 抗压强度为 C3B3A2，28d 抗折强度为 B2A2C3。C3B3A2 和 B2A2C3 高铝水泥赤泥道路硅酸盐水泥量及重晶石取代砂量相同，只有沸石取代砂量不同，需进一步确定最佳配方。

A2B3C3：高铝水泥取代赤泥道路硅酸盐水泥量 3%，沸石取代砂量 15%，重晶石取代砂量 30%。

A2B2C3：高铝水泥取代赤泥道路硅酸盐水泥量 3%，沸石取代砂量 10%，重晶石取代砂量 30%。

沸石取代砂量为 10% 时，28d 抗折强度较取代 15% 时较高，放射性屏蔽率及 28d 抗压强度较取代 15% 时较低，表中第 6 组为 B2A2C3，为此增做第 11 组试验 A2B3C3。

选取高铝水泥取代赤泥道路硅酸盐水泥量 3%，沸石取代砂量 15%，重晶石取代砂量 30% 依据上述试验方法成型、养护，测 28d 抗压及抗折强度和放射性屏蔽率，得该组的 28d 抗压强度为 66.7MPa，28d 抗折强度为 9.32MPa，放射性屏蔽率为 41.2%。相较于第 6 组，28d 抗压及抗折强度均略有增加，放射性屏蔽率亦大于第 6 组。

综合分析，最终选取 A2B3C3，即选取 3% 的高铝水泥取代赤泥道路硅酸盐水泥，15% 的沸石和 30% 的重晶石取代砂来配制砂浆，此砂浆块养护到 28d 时，内照射指数为 0.13，外照射指数为 0.16（^{226}Ra 当量比活度为 25.9Bq/kg，^{232}Th 当量比活度为 24Bq/kg，^{40}K 当量比活度 <15Bq/kg），放射性总比活度为 49.9Bq/kg，放射性屏蔽率为 41.2%，28d 的抗压强度值为 66.7MPa，28d 的抗折强度值为 9.32MPa。

6.5 本章小结

本章在成功制备道路硅酸盐水泥的基础上，研究了放射性元素在赤泥道路硅酸盐水泥熟料中的赋存状态，放射性元素在赤泥道路硅酸盐水泥水化前后的放射性变化规律，以及外掺屏蔽物质对赤泥道路硅酸盐水泥放射性的屏蔽机理，主要得出以下结论：

（1）在赤泥道路硅酸盐水泥煅烧过程中，^{226}Ra 和 ^{232}Th 在熟料中出现了富集浓缩，从而导致放射性比活度增大，而 ^{40}K 在富集浓缩和挥发的双重作用下放射性比活度降低。在赤泥道路硅酸盐水泥熟料中，^{226}Ra 主要分布在硅酸盐相中，^{232}Th 在中间相中分布得较多，^{40}K 则主要分布在中间相中。

（2）在赤泥道路硅酸盐水泥水化固结的过程中，随着水泥水化龄期的延长，^{226}Ra 的放射性比活度不断增加，^{232}Th 的放射性比活度变化不大，^{40}K 的放射性比活度不断降低。在赤泥道路硅酸盐水泥试块中掺加屏蔽性物质（如重晶石、沸石、高铝水泥）可以明显降低其放射性，为赤泥的大规模高效资源化利用探索一条可行的新途径。

（3）同一粒度的重晶石和沸石，掺量越大，对赤泥道路硅酸盐水泥的放射性屏蔽效果越好；同一掺量的重晶石和沸石，粒度越小，对赤泥道路硅酸盐水泥的放射性屏蔽效果越好；高铝水泥的掺量越高，对赤泥道路硅酸盐水泥的放射性屏蔽效果越好。

（4）重晶石中的 Ba 原子与射线作用产生的康普顿效应、电子对效应或光电效应是其能做防辐射外掺料的根本原因。沸石独特结构所具有的吸附性和所含的少量硼原子是其能做防辐射外掺料的根本原因。高铝水泥独特的水化产物是其能做防辐射外掺料的根本原因。

7　结　论

7.1　主要结论

本书在对赤泥进行理化特性分析的基础上，研究了赤泥中碱的赋存状态以及脱除机理，并在赤泥脱碱的基础上研究了利用拜耳法赤泥制备普通硅酸盐水泥以及烧结法赤泥制备道路硅酸盐水泥的应用；在分析了赤泥道路硅酸盐水泥的形成过程、水化特性以及放射性变化规律的基础上，研究了赤泥道路硅酸盐水泥的放射性屏蔽技术，得出以下主要结论：

（1）通过对赤泥的理化特性进行研究，为赤泥的资源化应用奠定了基础。拜耳法赤泥和烧结法赤泥的钙硅比分别为 0.69、2.04，钙铝比为 0.54、5.21，钙铁比为 0.81、2.66，铝铁比为 1.40、0.51。与水泥熟料的成分相比，两种赤泥用于水泥生产时均需要做适当的成分调整。拜耳法赤泥和烧结法赤泥中碱的总含量（$Na_2O+0.658\ K_2O$）分别为 7.87% 和 2.93%，在应用于水泥生产时需要对赤泥进行脱碱研究。拜耳法赤泥和烧结法赤泥的放射性均超出了国家对建筑主体材料的放射性要求，因此在赤泥的应用过程中需要研究其放射性变化规律和放射性屏蔽技术，以满足材料的安全应用。

（2）对赤泥中碱的赋存状态、赤泥脱碱工艺以及赤泥脱碱过程中碱的回收进行了研究，得出如下结论：

①赤泥中的 Na^+ 以 Na—O—Si 或者是 Na—O—Al 的形式存在于羟基方钠石硅氧骨架的空隙中，K^+ 以 K—O—Si 或者是 K—O—Al 的形式存在于钾长石中硅氧骨架的空隙中。赤泥脱碱过程中添加的 Ca^{2+} 离子可以进入羟基方钠石和钾长石硅质骨架的内部空隙，进而取代 Si—O 骨架上的 Al^{3+} 和骨架空隙中的 Na^+、K^+。发生置换反应，改变硅氧四面体网络结构，导致羟基方钠石和钾长石中的架状硅氧四面体解体，形成水化石榴石中的孤岛状硅氧四面体。由于 Ca^{2+} 取代 Na^+ 和 K^+ 的能力有限，被取代的 Na^+ 和 K^+ 不能完全从二氧化硅骨架中逸出，导致赤泥中的 Na^+ 和 K^+ 只能部分脱除。同时，K^+ 的离子半径大于 Na^+，被取代的 K^+ 更不容易从 Si—O 骨架中逸出，导致 CaO 可以去除赤泥中 83.09% 的 Na，但只能去除赤泥中 50.76% 的 K。

②脱碱剂生石灰掺量在 8% 以下时，对赤泥的碱溶出量起不到促进作用。当掺量在 8% 以上时，随着生石灰掺量的增加，赤泥的碱溶出率逐渐增加；液固比对赤泥碱溶出率的影响不大；赤泥的碱溶出率随着温度的升高而增加；赤泥的碱溶出率随着反应时间的延长，逐渐增大，反应时间超过 7h 以后，反应逐渐达到平衡，反应时间继续增加时，赤泥碱溶出率增加并不明显。

③赤泥回收碱的主要晶相为 $Na_2CO_3 \cdot 3H_2O$ 与碳钠铝石，掺加 20% 的生石灰对赤泥进行一次脱碱，通过简单的通入 CO_2 的方法，即可回收赤泥中 56% 的碱。

（3）对于拜耳法赤泥碱含量较高，脱碱后拜耳赤泥中碱的含量（$Na_2O + 0.658K_2O$）为 2.72%，仍然比较高，且拜耳赤泥的铝铁比为 1.40，我们主要研究采用较低掺量的脱碱拜耳赤泥制备普通硅酸盐水泥，得出如下结论：

①在赤泥最大掺量的原则上，采用赤泥掺量为 12%、KH 为 0.90%、SM 为 2.03%、IM 为 1.48% 的配比，可以制备出各项性能优异的 42.5 级普通硅酸盐水泥。赤泥掺量从 10% 增加到 12% 时，赤泥普通硅酸盐水泥的力学性能呈现增强的趋势；赤泥的掺量从 12% 增加到 15% 时，赤泥普通硅酸盐水泥的力学性能呈现下降的趋势。赤泥的掺加对赤泥普通硅酸盐水泥的物理性能影响不大。

②赤泥掺量为 10%、12% 和 15% 的赤泥普通硅酸盐水泥熟料中碱的总含量（$Na_2O + 0.658K_2O$）分别为 0.57%、0.82% 和 1.02%，均比较高。在赤泥掺量较小的情况下，赤泥的掺加起到矿化作用，可以增加烧成体系中的液相量，有利于水泥熟料中 Alite 的生成。但是当赤泥掺量过大时，烧结体系中的液相量过大，液相黏度增加，不利于 Alite 的生成。

③赤泥普通硅酸盐水泥中 ^{226}Ra、^{232}Th 和 ^{40}K 的放射性比活度以及内外照指数均随赤泥掺量的增加而增加，但是各组水泥的内外照指数均远低于 1，满足国家标准 GB 6566—2010《建筑材料放射性核素限量》中对 A 类建筑材料的要求。

（4）在烧结法赤泥进行脱碱的基础上，我们将脱碱烧结法赤泥作为铁质原料大掺量应用于道路硅酸盐水泥的制备中，主要研究了赤泥的掺加对道路硅酸盐水泥的易烧性、矿物组成、矿物微观结构、物理力学性能和放射性的影响，并在此基础上研究了赤泥道路硅酸盐水泥的矿物形成过程和水化特性，得出如下结论：

①赤泥作为铁质原料配料时可以明显增强道路硅酸盐水泥的易烧性。试验采用 KH 为 0.90%、SM 为 1.82%、IM 为 0.96%，在 1400℃时，赤泥掺量为 26% 的情况下可以制备出 3d 和 28d 抗压和抗折强度分别为 6.27MPa、27.4MPa 和 8.45MPa，55.30MPa 的道路硅酸盐水泥，其熟料中总碱含量（$Na_2O + 0.658K_2O$）

为 0.83%，符合国家标准 GB/T 13693—2017《道路硅酸盐水泥》中对矿物组成的要求。

②赤泥道路硅酸盐水泥的主要矿物组成为六方板状和柱状的 C_3S，少量椭圆状 C_2S，大量的叶片状和蜂窝状的 C_4AF。其中 C_4AF 的含量随着赤泥掺量的增加而增加，C_4AF 开始形成的温度为 $900\sim1000\,℃$，大量形成的温度在 $1200\sim1300\,℃$ 之间，烧结系统液相开始形成的温度为 $1200\sim1300\,℃$，液相量达到最大为温度为 $1300\sim1400\,℃$。适当的保温时间有利于提高赤泥道路硅酸盐熟料中 C_3S 和 C_4AF 的含量。

③赤泥道路硅酸盐水泥的放射性随赤泥掺量的增加而增加。当赤泥掺量为 26% 时，熟料的内、外照射指数分别为 0.68 和 0.93，虽然满足 GB 6566—2010《建筑材料放射性核素限量》中对 A 类建筑材料的要求，但是外照指数与限值比较接近。赤泥道路硅酸盐水泥的耐磨性优于普通硅酸盐水泥。

④赤泥道路硅酸盐水泥的强度主要由 $Ca(OH)_2$、水化硅酸钙和水化硫铝酸钙形成的致密结构提供。网络状凝胶包裹着球状铁凝胶和 AFm，形成了赤泥道路硅酸盐水泥特有的水化结构。赤泥道路硅酸盐水泥中的铁相主要是低铝铁相，低铝铁相水化形成的铁凝胶是赤泥道路硅酸盐水泥具有优良耐磨的原因。

（5）在成功制备道路硅酸盐水泥的基础上，研究了放射性元素在赤泥道路硅酸盐水泥熟料中的赋存状态，放射性元素在赤泥道路硅酸盐水泥水化前后的放射性变化规律，以及外掺屏蔽物质对赤泥道路硅酸盐水泥放射性的屏蔽机理，主要得出以下结论：

①在赤泥道路硅酸盐水泥煅烧过程中，^{226}Ra 和 ^{232}Th 在熟料中出现了富集浓缩，从而导致放射性比活度增大，而 ^{40}K 在富集浓缩和挥发的双重作用下放射性比活度降低。在赤泥道路硅酸盐水泥熟料中，^{226}Ra 主要分布在硅酸盐相中，^{232}Th 在中间相中分布较多，^{40}K 则主要分布在中间相中。

②在赤泥道路硅酸盐水泥水化固结的过程中，随着水泥水化龄期的延长，^{226}Ra 的放射性比活度不断增加，^{232}Th 的放射性比活度变化不大，^{40}K 的放射性比活度不断降低。在赤泥道路硅酸盐水泥试块中掺加屏蔽性物质（如重晶石、沸石、高铝水泥）可以明显降低其放射性，为赤泥的大规模高效资源化利用探索一条可行的新途径。

③重晶石中的 Ba 原子与射线作用产生的康普顿效应、电子对效应或光电效应是其能做防辐射外掺料的根本原因。沸石独特结构所具有的吸附性和所含的少量硼原子是其能做防辐射外掺料的根本原因。高铝水泥独特的水化产物是其能做防辐射外掺料的根本原因。

7.2 展望

本书研究了赤泥中碱的赋存状态、脱除工艺以及脱除机理，分别采用脱碱拜耳法赤泥和脱碱烧结法赤泥制备了普通硅酸盐水泥和道路硅酸盐水泥，并研究了赤泥对水泥煅烧工艺制度、矿物组成和物理力学性能的影响，赤泥中放射性元素在水泥煅烧和水化过程中的迁徙和富集规律，以及赤泥道路硅酸盐水泥的放射性屏蔽技术，为赤泥的高效资源化应用提供了新的途径。但是以下两个方面还需要进行深入研究：（1）^{40}K 随烧成温度的变化而发生挥发的过程；（2）赤泥道路硅酸盐水泥的工业化生产试验有待进行。

参考文献

[1] LIU J X, YAN Y M, LI Z Y, et al. Investigation on the potassium magnesium phosphate cement modified by pretreated red mud: Basic properties, water resistance and hydration heat [J]. Construction and Building Materials, 2023, 368, 130456.

[2] XIAO J W, ZHANG J Z, ZHANG H L, et al. Preparation and characterization of organic red mud and its application in asphalt modification [J]. Construction and Building Materials, 2023, 367, 130269.

[3] PEI J N, PAN X L, QI Y F, et al. Preparation of ultra-lightweight ceramsite from red mud and immobilization of hazardous elements [J]. Journal of Environmental Chemical Engineering, 2022, 10 (4), 108157.

[4] JIANG G, LI H D, CHENG T J, et al. Novel preparation of sludge-based spontaneous magnetic biochar combination with red mud for the removal of Cu2+ from wastewater [J]. Chemical Physics Letters, 2022, 806, 139993.

[5] CHEN J W, WANG Y, LIU Z M. Red mud-based catalysts for the catalytic removal of typical air pollutants: A review [J]. Journal of Environmental Sciences, 2023 127, 628-640.

[6] WANG J X, ZHANG S P, XU D, et al. Catalytic activity evaluation and deactivation progress of red mud/carbonaceous catalyst for efficient biomass gasification tar cracking [J]. Fuel, 2022, 323, 124278.

[7] XU K H, LIN Q T, FAN X D, et al. Enhanced degradation of sulfamethoxazole by activation of peroxodisulfate with red mud modified biochar: Synergistic effect between adsorption and nonradical activation [J]. Chemical Engineering Journal, 2023, 460, 141578.

[8] BANG K. H. , KANG Y. B. . Recycling red mud to develop a competitive desulfurization flux for Kanbara Reactor (KR) desulfurization process [J]. Journal of Hazardous Materials, 2022, 440, 129752.

[9] MA S W, CHENG F, MENG J G, et al. Ni-enhanced red mud oxygen carrier for chemical looping steam methane reforming [J]. Fuel Processing Technology, 2022, 230, 107204.

[10] ZHOU X H, ZHANG L Q, CHEN Q W, et al. Study on the mechanism and reaction characteristics of red-mud-catalyzed pyrolysis of corn stover [J]. Fuel, 2023, 338, 127290.

[11] CHAO X, ZHANG T A, LYU G Z, et al. Sustainable application of sodium removal from red mud: Cleaner production of silicon-potassium compound fertilizer [J]. Journal of Cleaner Production, 2022, 352, 131601.

[12] XU Z M, ZHANG Y X, WANG L, et al. Rhizobacteria communities reshaped by red mud

based passivators is vital for reducing soil Cd accumulation in edible amaranth [J]. Science of The Total Environment，2022，826，154002.

[13] LIU X，RONG R，DAI M，et al. Preparation of red mud-based zero-valent iron materials by biomass pyrolysis reduction：Reduction mechanism and application study [J]. Science of The Total Environment，2023，864，160907.

[14] XIAO J H，ZOU K，ZHONG N L，et al. Selective separation of iron and scandium from Bayer Sc-bearing red mud [J]. Journal of Rare Earths. 2022，06，003.

[15] ZHU X B，LI W，GUAN X M. An active dealkalization of red mud with roasting and water leaching [J]. Journal of Hazardous Materials，2015，286，85-91.

[16] ZHU F，ZHOU J Y，XUE S G，et al. Aging of bauxite residue in association of regeneration：a comparison of methods to determine aggregate stability & erosion resistance [J]. Ecological Engineering，2016，92，47-54.

[17] 田杰，罗琳，范美蓉，等 . 赤泥对污染土壤中 Cd，Pb 和 Zn 形态及水稻生长的影响 [J]. 土壤通报，2012，43（1）：195-199.

[18] HU G Y，LYU F，KHOSO S. A. ，et al. Staged leaching behavior of red mud during dealkalization with mild acid [J]. Hydrometallurgy，2020，196，105422.

[19] ZENG K，QUAN X，JIANG Q，et al. An efficient dealkalization of red mud through microwave roasting and water leaching [J]. JOM，2022，74，3221-3231.

[20] ZHANG R，ZHENG S L，MA S H，et al. Recovery of alumina and alkali in Bayer red mud by the formation of andradite-grossular hydrogarnet in hydrothermal process [J]. Journal of Hazardous Materials，2011，189（3），827-835.

[21] LAN X，GAO J T，QU X T，et al. An environmental-friendly method for recovery of soluble sodium and harmless utilization of red mud：Solidification，separation，and mechanism [J]. Resources，Conservation and Recycling，2022，186，106543.

[22] MENZIES N W，FULTON I M，MORRELL W J. Seawater neutralization of alkaline bauxite residue and implications for revegetation [J]. Journal of Environmental Quality，2004，33（5），1877-1884.

[23] 马洪坤，于其正，钟景波，等 . 赤泥在建筑材料方面的综合利用 [J]. 建材世界，2012，33（5）：9-12.

[24] 饶正勇 . 赤泥中金属元素分析和 CTAB/STAB 改性赤泥吸附 Cr（Ⅵ）的研究 [D]. 郑州：河南大学，2012.

[25] LIU W C，YANG J K，XIAO B. Application of Bayer red mud for iron recovery and building material production from alumosilicate residues [J]. Journal of Hazardous Materials，2009，161：474-478.

[26] TSAKANIKA L V，MARIA T H. ，OCHSENKUHN-PETROPOULOU，et al. Investigation of the separation of scandium and rare earth elements from red mud by use of reversed-phase HPLC [J]. Analytical and Bioanalytical Chemistry，2004，379：796-802.

[27] MISHRA B，STALEY A，KIRKPATRICK，et al. Recovery of value-added products from

red mud [J]. Min. Metallurg Process, 2002, 19 (2): 87-94.

[28] OCHSENKUHN-PETROPOULOU M T, HATZILYBERIS K S, MENDRINOUS L N, et al. Pilot-plant investigation of the leaching process for the recovery of scandium from red mud [J]. Ind Eng Chem Res, 2002, 41: 5794-5801.

[29] TSAKIRIDIS P E, AGATZINI-LEONARDOU S, OUSTADAKIS P. Red mud addition in the raw meal for the production of Portland cement clinker [J]. J Hazard Mater, 2004, 116: 103-110.

[30] PAN Z H, ZHANG Y N, XU Z Z. Strength development and microstructure of hardened cement paste blended with red mud [J]. Journal of Wuhan University of Technology-Material Science Edition, 2009, 24 (1): 161-165.

[31] PAN Z H, CHENG L. Hydration products of alkali-activated slag-red mud cementitious material [J]. Cement and Research, 2002, 32: 357-362.

[32] CUNDI W Y, HIRANO T, TERAI R, et al. Preparation of geopolymeric monoliths from red mud – PFBE ash fillers at ambient temperature [C]. Proceedings of the World Congress Geopolymer 2005, Saint-Quentin, France, 2005, 85-87.

[33] WARD S C, SUMMERS R N. Modifying sandy soils with fine residue from bauxite refining to retain phosphorus and increase plant-yield [J]. Fert Res, 1993, 36 (2): 151-156.

[34] SOMLAI J, JOBBAGY V, KOVACS J, et al. Radiological aspects of the usability of red mud as building material additive [J]. J Haz Mat, 2008, 150 (3): 541-545.

[35] POWER G, GRÄFE M, KLAUBER C. Bauxite residue issues : I. Current management, disposal and storage practices [J]. Hydrometallargy, 2011, 108: 33-45.

[36] THOMAS G A, ALLEN D G, WYRWOLL K H, et al. Capacity of clay seals to retain residue leachate: Proceeding of the 6th international alumina quality workshop, 2002 [C]. Brisbane: 233-239.

[37] BOTT R, LANGELOH T, HAHN J. Dry bauxite residue by hi-barR steam pressure flitration: Proceeding of the 6th international alumina quality workshop, 2002 [C]. Brisbane: 24-32.

[38] 潘志华, 方永浩, 吕忆农, 等. 碱矿渣赤泥水泥 [J]. 水泥工程, 2000 (1): 53-56.

[39] 建筑工程部水泥研究院. 赤泥硫酸盐水泥 [M]. 北京: 冶金工业出版社, 1960.

[40] 张彦娜. 赤泥用作高性能水泥性能调节组分的研究 [D]. 南京: 南京工业大学, 2004.

[41] VANGELATOS I, ANGELOPOULOS G N, BOUFOUNOS D. Utilization of ferroalumina as raw material in the production of ordinary portland cement [J]. Journal of Hazardous Materials, 2009, 168 (1): 473-478.

[42] DUVALLET T, RATHBONE R F, HENKE K R, et al. Low-energy Low CO_2-emitting cements produced from coal combustion by-products and red mud [J]. World Coal Ash, 2009, 3 (44): 1-13.

[43] WANG W L, WANG X J, ZHU J P. Experimental investigation and modeling of sulfoaluminate cement preparation using desulfurization gypsum and red mud [J]. Industrial &

Engineering Chemistry Research，2013，52，1261-1266.

［44］吴芳，李利，周代军，等．拜耳法赤泥对水泥浆体孔溶液碱度及强度发展的影响［J］．粉煤灰综合利用，2011（2）：7-10.

［45］卜天梅，李文化，杨金妮，等．利用烧结法赤泥生产水泥的研究［J］．水泥技术，2005（2）：67-68.

［46］TSAKIRIDIS P，AGATZINI-LEONARDOU S，OUSTADAKIS P. Red mud addition in the raw meal for the production of Portland cement clinker［J］．Hazard Mater，2004，116（1-2）：103-110.

［47］杨久俊，张磊，侯雪洁，等．赤泥复合硅酸盐水泥的力学性能及其放射性研究［J］．天津城市建设学院学报，2012，18（1）：52-55.

［48］任家宽．赤泥的改性及其在水泥生产中的应用［J］．有色金属，2011，63（1）：123-126.

［49］赵宏伟，李金洪，刘辉．赤泥制备硫铝酸盐水泥熟料的物相组成及水化性能［J］．有色金属，2006，58（4）：119-123.

［50］王玉麟，漆贵海，许国伟．拜耳法赤泥对砌筑砂浆性能影响试验研究［J］．混凝土，2011（9）：110-112.

［51］杨家宽，侯健，姚昌仁，等．烧结法赤泥道路材料工程应用实例及经济性分析［J］．轻金属，2007（2）：18-21.

［52］齐建召．赤泥道路材料的实验研究［D］．武汉：华中科技大学，2005.

［53］李大伟，张立全，刘学峰，等．高含量赤泥烧结砖的研究［J］．新型建筑材料，2009（6）：26-28.

［54］于海波．以改性赤泥为载体制备负载型催化剂及其催化氧化 CO 性能研究［D］．济南：济南大学，2012.

［55］艾琦．工业废渣磷石膏与赤泥在陶瓷中的综合利用［D］．武汉：武汉理工大学，2011.

［56］蒋述兴，贺深阳．利用赤泥制备建筑陶瓷［J］．桂林工学院学报，2008，28（3）：385-387.

［57］周爱民，姚中亮．赤泥胶结充填料特性研究［A］．第八届国际充填采矿会议论文集［C］．2004：153-157.

［58］房永广．高碱赤泥的资源化研究及其应用［D］．武汉：武汉理工大学，2010.

［59］杨文．从赤泥中回收铁和氧化铝的研究［D］．长沙：中南大学，2012.